Springer-Lehrbuch

Springer-Verlag Berlin Heidelberg GmbH

Einar Smith

Elementare Berechenbarkeitstheorie

Springer

Dr. Einar Smith
Institut für Algorithmen und Wissenschaftliches Rechnen
GMD – Forschungszentrum Informationstechnik GmbH
Schloß Birlinghoven
D-53754 Sankt Augustin

Die Deutsche Bibliothek - CIP-Einheitsaufnahme

Smith, Einar:
Elementare Berechenbarkeitstheorie/Einar Smith. - Berlin; Heidelberg; New York; Barcelona; Budapest; Hongkong; London; Mailand; Paris; Santa Clara; Singapur; Tokio: Springer, 1996
(Springer Lehrbuch)
ISBN 978-3-540-60667-3 ISBN 978-3-642-58283-7 (eBook)
DOI 10.1007/978-3-642-58283-7

ISBN 978-3-540-60667-3

Umschlaggestaltung: Meta-Design, Berlin
Satz: Reproduktionsfertige Autorenvorlage
SPIN: 10525620 45/3142 - 5 4 3 2 1 0 – Gedruckt auf säurefreiem Papier

Vorwort

Die Beschäftigung mit den Grundprinzipien und Grenzen der Berechenbarkeit wird von Studenten der Informatik häufig als praktisch irrelevante, zudem formal komplizierte Pflichtübung angesehen.

Das Hauptziel des vorliegenden Buches ist der Nachweis, daß Vertrautheit mit den prinzipiellen Grenzen der algorithmischen Machbarkeit jedoch auch im täglichen Leben des Informatikers eine wichtige Rolle spielt: Die Berechenbarkeitstheorie vermittelt das Hintergrundwissen, daß ein vergeblicher Versuch, ein Problem zu lösen, nicht notwendigerweise der Unfähigkeit des Bearbeiters angelastet werden muß, sondern tatsächlich an der Unlösbarkeit der Aufgabe selbst liegen kann. Diese Erkenntnis ermöglicht und fördert somit eine Doppelstrategie bei Verdachtsfällen, nämlich der gewissermaßen nebenläufigen Suche nach einer Lösung wie nach Unlösbarkeit.

Als Einstiegs-Berechnungsmodell für Informatiker bieten sich Ansätze an, die dem Umgang mit realen Computern und Programmiersprachen entlehnt sind. In dem vorliegenden Buch wird daher das Hauptgewicht auf *Registermaschinen* und eine einfache **while**-basierte Programmiersprache gelegt. Die Einführung von *μ-rekursiven Funktionen* und *Turing-Maschinen* sowie der Äquivalenznachweis der Modelle untereinander dienen der Begründung und Erhärtung der *Churchschen These*, daß Lösbarkeit bzw. Unlösbarkeit eine probleminhärente, nicht darstellungsabhängige Eigenschaft ist.

Ein Kollege hat mir einmal verraten, daß er zur ersten Einarbeitung in ein neues Gebiet üblicherweise die kürzeste seriös aussehende Darstellung wählt. Ein Ziel war es, dem nahezukommen und eine knappe, aber an den entscheidenden Punkten dennoch ausführliche Einführung in die wesentlichen Methoden und Resultate der Berechenbarkeitstheorie zu geben.

Der Text basiert auf Unterlagen zu einer Vorlesung im Informatik-Grundstudium, die ich in den Jahren 1990–1995 mehrfach an der Universität Koblenz und der Humboldt-Universität Berlin gehalten habe.

Vom Leser werden außer einer gewissen Vertrautheit mit formaler mathematischer Argumentation keine besonderen Voraussetzungen erwartet. Erfahrung mit einer konventionellen Programmiersprache wie PASCAL oder MODULA erleichtert das Verständnis, ist aber nicht unbedingt erforderlich.

Für Anregungen und Anmerkungen möchte ich mich bedanken bei Thomas Röblitz und Rolf Walter von der Humboldt-Universität, Walter Hower, Rudolf Kruse, Thomas Marx und Hanno Ridder von der Universität Koblenz, und bei Claus von Wachter, Fachlehrer für Informatik am Albert-Einstein-Gymnasium, Sankt Augustin. Besonders hilfreich waren auch die Unterstützung, Ermunterung und kritischen Kommentare von Jana Fauck, Humboldt-Universität, sowie Reiner Durchholz und Agathe Merceron aus der GMD. Schließlich möchte ich mich bei allen Beteiligten im Springer-Verlag und insbesondere bei Herrn Dr. Hans Wössner für die angenehme und konstruktive Zusammenarbeit bedanken.

Bonn, im März 1996 EINAR SMITH

Inhaltsverzeichnis

Symbolverzeichnis

Geordnet nach der Reihenfolge des ersten Auftretens

1 Einleitung

Der Begriff Algorithmus ist von herausragender Bedeutung für die Informatik. Ein Algorithmus ist ein mechanisch ausführbares Verfahren, mit dem man für jede Instanz einer Problemklasse eine Antwort auf eine allgemeine Frage erhält. Beispiele für Algorithmen sind die jedem geläufigen Vorschriften zum Addieren, Subtrahieren oder Multiplizieren von natürlichen Zahlen.

Die Entwicklung konkreter Algorithmen für konkrete Problemstellungen ist die Aufgabe der konstruktiven Informatik. Im Unterschied hierzu beschäftigt sich die Berechenbarkeitstheorie mit der eher abstrakten Frage, welche Probleme überhaupt algorithmisch lösbar sind.

Noch Anfang dieses Jahrhunderts war die Vermutung weit verbreitet, alle mathematisch formulierbaren Probleme würden letztlich durch geeignete Kalküle gelöst werden können. Diese Hoffnung wurde jedoch schon bald darauf zunichte gemacht, als gezeigt werden konnte, daß bereits wesentliche Fragen aus dem Bereich der methodischen Grundlagen algorithmisch unentscheidbar sind, z.B. die Frage, ob eine Formel der Prädikatenlogik allgemeingültig ist.

Insbesondere konnten aber auch Fragen, die für den Alltag des Informatikers unmittelbar von Interesse sind, als unlösbar nachgewiesen werden. Ein typisches Beispiel ist die Terminierung von Rechner-Programmen: Zur Illustration nehmen wir etwa an, ein Softwarehaus biete ein Programmpaket zur Analyse von MODULA-Programmen an, das die in Abb. 1.1 dargestellte Prozedur enthält. Die Berechenbarkeitstheorie weist nun nach, daß eine solche Prozedur nicht existieren kann. Die Hauptidee des Beweises ist elementar und kann vom ungeduldigen Leser sofort in der Einleitung zu Kap. 7 nachgelesen werden.

Zum Nachweis der Lösbarkeit eines Problems genügt bereits die Angabe *einer* beliebigen Lösungsmethode. Der Nachweis, daß ein Problem *nicht* lösbar ist, erfordert dagegen die Verwerfung *aller* Al-

```
PROCEDURE Halt(prg, inp: ARRAY OF CHAR): BOOLEAN;
(* Gibt TRUE aus, falls
   (1) prg ein syntaktisch korrektes MODULA-Programm ist,
   (2) in dem eine ReadString-Anweisung und
       keine weiteren Read-Befehle vorkommen und
   (3) das bei Eingabe von inp terminiert.
   In allen anderen Fällen gibt Halt den Wert FALSE aus. *)
```

Abb. 1.1. Vermeintlicher Terminierungs-Test für MODULA-Programme.

gorithmen, also eine sehr genaue Kenntnis der Gesamtklasse der überhaupt in Frage kommenden Kandidaten. Ein wesentlicher Bestandteil der Berechenbarkeitstheorie besteht daher in einer exakten Charakterisierung dieser Klasse.

Zu einem Algorithmus gehört, daß er in einem endlichen Text formuliert ist und die Ausführung bis in die letzten Einzelheiten hinein eindeutig vorgeschrieben ist, und es gehört dazu, daß er mit konkreten Dingen operiert, wie etwa mit Steinchen, Strichlisten oder elektrischen Ladungen.

In der theoretischen Analyse sieht man von gegenständlichen Eigenschaften der bearbeiteten Dinge ab und beschäftigt sich mit Algorithmen, die sich in der Veränderung von *Zeichenreihen* auswirken.

In einer abstrakteren Sichtweise geht man sogar einen Schritt weiter und untersucht speziell Algorithmen zur Berechnung von Funktionen, die natürliche Zahlen als Argumente und Werte haben. Dabei wird unterstellt, daß den Berechnungsverfahren eine endliche Darstellung zugrunde liegt, die aber nicht näher betrachtet wird. Diese kann beispielsweise gegeben sein durch die übliche Dezimaldarstellung, die Binärdarstellung, die mit den Symbolen 0 und 1 auskommt, oder durch eine Unärdarstellung, bei der die Größe einer Zahl wie in einer Strichliste durch ein einziges Symbol kodiert wird.

Die Arithmetik der natürlichen Zahlen ist ein naheliegender Ausgangspunkt für die Untersuchung von Berechenbarkeitsfragen. Zum einen beschäftigen sich viele in der Praxis vorkommende Funktionen direkt mit natürlichen Zahlen, zum anderen kann, wie wir noch sehen werden, Zeichenkettenverarbeitung und letztlich jedes algorithmische Verfahren durch geeignete Kodierung in die Arithmetik eingebettet werden.

Übersicht

Jede Zeit hat ihr Berechnungs-Paradigma. Heute dominieren sicherlich noch speicherbasierte Digitalrechner, imperative Sprachen und strukturierte Programmierung. Daran lehnt sich auch das Modell der *Registermaschine* an, das wir in den Kapiteln 2–7 ausführlich diskutieren: Die Arbeitsweise der Registermaschine basiert auf den beiden Operationen *Inkrementieren* und *Dekrementieren* (Erhöhen bzw. Vermindern um 1). Der Berechnungsablauf wird durch eine einfache Form einer **while**-Schleife kontrolliert.

In *Kap. 2* und *3* werden die Grundbegriffe der Berechenbarkeit systematisch anhand dieses Modells entwickelt. Wir zeigen explizit, wie eine Reihe der arithmetischen Standardfunktionen auf den natürlichen Zahlen, von der Addition bis zur Primfaktorzerlegung, durch Registermaschinen berechnet werden kann.

In *Kap. 4* illustrieren wir die Methode der sogenannten *Gödelisierung*, mit der sich Zeichenkettenverarbeitung in die Arithmetik einbetten läßt.

Damit können wir in *Kap. 5* spezielle Registermaschinen-Programme formulieren, die als universelle Interpreter für erweiterte Programmiersprachen dienen. Als Anwendung zeigen wir, daß *rekursive Programme* und *indirekte Adressierung* die Berechnungsmächtigkeit der Registermaschine nicht erhöhen.

In *Kap. 6* werden wir sehen, daß man zur Berechnung vieler Funktionen mit einer beschränkten Schleifen-Variante auskommt, die der **for**-Schleife in PASCAL oder MODULA entspricht. Anhand eines typischen Beispiels, der sogenannten *Ackermann Funktion*, zeigen wir, daß dies jedoch nicht immer möglich ist.

Kapitel 7 bringt den Nachweis der bereits erwähnten *Unlösbarkeit des Halteproblems* sowie einen mächtigen allgemeinen Satz, der besagt, daß im Grunde alle semantischen Eigenschaften von Rechner-Programmen algorithmisch unlösbar sind.

In *Kap. 8* führen wir mit den sogenannten *primitiv-rekursiven* und *μ-rekursiven Funktionen* ein alternatives Berechnungsmodell ein, das ohne Bezugnahme auf Maschinen auskommt. Wir zeigen, daß die primitiv-rekursiven Funktionen mit den von Registermaschinen berechenbaren Funktionen übereinstimmen, wenn dort ausschließlich beschränkte Schleifen angewendet werden. Entsprechend beweisen wir, daß die μ-rekursiven Funktionen mit den (unbeschränkt) Registermaschinen-berechenbaren Funktionen zusammenfallen.

In *Kap. 9* untersuchen wir *Turing-Maschinen*, ein seit den dreißiger Jahren bekanntes Berechnungsmodell, das sich aufgrund seiner begrifflichen Einfachheit noch immer großer Beliebtheit erfreut und aus tiefergehenden Unentscheidbarkeitsbeweisen zur Zeit noch nicht wegzudenken ist. Im Unterschied zu den vorangegangenen Modellen, die von dem abstrakten Begriff der natürlichen Zahl ausgehen, sind Turing-Maschinen explizit auf konkrete Zeichenkettenverarbeitung ausgerichtet. Wir zeigen, daß die Berechnungsmächtigkeit der Turing-Maschine ebenfalls mit der der Registermaschine übereinstimmt.

Die Äquivalenz der Berechenbarkeitsmodelle legt es nahe, von den Besonderheiten der einzelnen Ansätze überhaupt zu abstrahieren und die Berechenbarkeit von einer abstrakteren Sichtweise aus zu erörtern:

Kapitel 10 erläutert und begründet den so erweiterten Berechenbarkeitsbegriff und verallgemeinert ihn systematisch auf Zeichenkettenverarbeitung. Anschließend werden die Begriffe *Entscheidbarkeit*, *Semi-Entscheidbarkeit* und *Aufzählbarkeit* präzisiert und in Beziehung zur Berechenbarkeit gesetzt. Insbesondere die Semi-Entscheidbarkeit erweist sich als ein für die Praxis wichtiger Begriff. Sie enthält eine Abschwächung der Entscheidbarkeit zu der Forderung nach einem Algorithmus, der zumindest eine formale *Bestätigung* einer Eigenschaft ermöglicht.

In *Kap. 11* zeigen wir die Unentscheidbarkeit des *Postschen Korrespondenzproblems*, ein leistungsfähiges Hilfsmittel für den Nachweis weiterer Unlösbarkeiten.

In *Kap. 12* leiten wir daraus beispielhaft die Unlösbarkeit des *Gültigkeitsproblems der Prädikatenlogik* her.

In *Kap. 13* verwenden wir das Korrespondenzproblem zum Nachweis der Unlösbarkeit zweier Probleme aus dem Bereich der formalen Sprachen, die im Compilerbau eine wichtige Rolle spielen, nämlich der Frage, ob zwei *kontextfreie Grammatiken* ein *gemeinsames Wort erzeugen*, sowie der Frage, ob eine Grammatik mehrere strukturell *verschiedene Ableitungen* ein und *desselben Wortes* zuläßt. Schließlich beweisen wir die Unentscheidbarkeit des *Wortproblems für allgemeine Regelgrammatiken*.

Mathematische Grundlagen

Dieser Abschnitt enthält eine kurze Erläuterung der im Text vorausgesetzten mathematischen Grundbegriffe und Notationen.

Wir schreiben $\neq$ für „ist nicht gleich". Die Schreibweise $i = m, \ldots, n$ bedeutet „für alle i von m bis n (einschließlich m und n selbst)". Das Symbol $:=$ steht für „wird definiert durch". In Beweisen von Aussagen „X gilt genau dann, wenn Y" verwenden wir „$\Rightarrow$" zur Kennzeichnung der Beweisrichtung „aus X folgt Y" und „$\Leftarrow$" für die Richtung „aus Y folgt X". Das Ende von Beweisen ist durch das Symbol □ am rechten Rand gekennzeichnet.

Wir verwenden die Symbole $\neg$, $\wedge$, $\vee$ als Abkürzung für die Booleschen Operationen *nicht*, *und* bzw. *oder*, wobei *oder* im inklusiven Sinn verstanden wird, so daß die Aussage $\varphi \vee \psi$ auch dann wahr ist, wenn φ und ψ beide wahr sind. Nach den *De Morganschen Regeln* läßt sich die Verknüpfung $\varphi \vee \psi$ gleichwertig durch $\neg(\neg\varphi \wedge \neg\psi)$ ausdrücken. Die Formel $\varphi \rightarrow \psi$ steht als Abkürzung für $\neg\varphi \vee \psi$. Wir verwenden $\exists x$ und $\forall x$ als Abkürzung für „es existiert ein Element x" bzw. „für alle Elemente x".

N ist die Menge der natürlichen Zahlen 0, 1, 2, 3 . . . , einschließlich der Null. $\emptyset$ ist die leere Menge.

Für Mengen A und B bedeutet $A = B$, daß sie dieselben Elemente enthalten. $x \in A$ bedeutet, daß x in A enthalten ist, $x \notin A$, daß x nicht in A enthalten ist. $\{ \mid \}$ ist die Notation für Mengenbildung: $\{x \mid \ldots x \ldots\}$ ist die Menge aller Elemente x, für die der Ausdruck $\ldots x \ldots$ gilt. Entsprechend ist $\{x \in A \mid \ldots x \ldots\}$ die Menge aller Elemente x aus A, für die $\ldots x \ldots$ gilt. Wir beschreiben eine Menge häufig durch die Auflistung ihrer Elemente in einer beliebigen Reihenfolge: $\{x_1, \ldots, x_n\}$ ist die Menge der Elemente $x_1, \ldots, x_n$. Wir benutzen eine ähnliche Notation für unendliche Mengen; so deutet beispielsweise $\{0, 2, 4, \ldots, 2n, \ldots\}$ die Menge der geraden Zahlen an.

$A \subseteq B$ bedeutet, daß A eine *Teilmenge* von B ist, d.h., daß jedes Element aus A auch in B ist. Dabei ist der Fall nicht ausgeschlossen, daß $A = B$. Wenn $A \subseteq B$ und $A \neq B$, dann ist A *echte* Teilmenge von B. $A \cup B$ bezeichnet die *Vereinigung* von A und B, d.h. die Menge $\{x \mid x \in A \vee x \in B\}$. $A \cap B$ ist der *Durchschnitt* von A und B, d.h. die Menge $\{x \mid x \in A \wedge x \in B\}$. Mit $B - A$ bezeichnen wir die *Mengendifferenz* $\{x \in B \mid x \notin A\}$. Wenn $A \subseteq B$ und die Bezugsmenge B aus dem Zusammenhang hervorgeht, schreiben wir häufig $\overline{A}$ statt $B - A$ und sprechen dann von dem *Komplement* von A (in B).

Für Elemente x und y ist (x, y) das *geordnete Paar* von x und y in dieser Reihenfolge. Analog ist $(x_1, \ldots, x_n)$ das *geordnete n-Tupel*. Hierfür sagt man auch *Vektor*. Die Menge $\{(x, y) \mid x \in A \wedge y \in B\}$ ist das *kartesische Produkt* der Mengen A und B und wird mit $A \times B$ bezeichnet. A^n ist das n-fache kartesische Produkt von A mit sich selbst.

Eine n-stellige *Relation* auf einer Menge A ist eine Teilmenge R von A^n. Für $n = 2$ schreibt man statt $(x, y) \in R$ meist $x\,R\,y$. Eine zweistellige Relation ist *reflexiv*, wenn stets $x\,R\,x$, *transitiv*, wenn aus $x\,R\,y$ und $y\,R\,z$ stets auch $x\,R\,z$ folgt.

Eine *Abbildung* oder *Funktion* $f\colon A \to B$ ist eine Zuordnung, die jedem Element x aus dem *Definitionsbereich* $\mathrm{dom}(f) \subseteq A$ ein eindeutiges Element $f(x)$ aus dem *Wertebereich* $ran(f) \subseteq B$ zuordnet. Wenn $dom(f) = A$, ist die Abbildung *total*, andernfalls *partiell*. f ist *injektiv*, wenn aus $f(x) = f(y)$ stets $x = y$ folgt, *surjektiv*, wenn $ran(f) = B$. Für Abbildungen $f, g\colon A \to B$ bedeutet $f = g$, daß $dom(f) = dom(g)$ und $f(x) = g(x)$ für alle Elemente x aus diesem gemeinsamen Definitionsbereich. $\{f(x) \mid \ldots x \ldots\}$ bezeichnet die Menge der Funktionswerte von Argumenten x, für die der Ausdruck $\ldots x \ldots$ gilt.

Eine *Zeichenkette* ist eine Folge von *Symbolen*, beispielsweise ist wort eine Zeichenkette, gebildet aus den Symbolen o, r, t, w. Die *leere Zeichenkette* ist die Zeichenkette, die aus gar keinem Symbol besteht. Sie wird mit ϵ bezeichnet. Ein Anfangsstück einer Zeichenkette heißt *Präfix*, die Präfixe von wort sind ϵ, w, wo, wor, aber auch wort selbst. Wenn v und w Zeichenketten sind, ist vw die *Konkatenation* von v und w. Beispielsweise ist vorwort eine Konkatenation von vor und wort.

Mit $<, \leq, >, \geq$ bezeichnen wir die Relationen *kleiner*, *kleiner oder gleich*, *größer* bzw. *größer oder gleich* zwischen natürlichen Zahlen. $\min(A)$ und $\max(A)$ bezeichnen das kleinste bzw. größte Element einer Menge $A \subseteq \mathbf{N}$, wobei letzteres nur für endliche Mengen Sinn macht.

Wir schreiben $\sum_{i=m}^{n} x_i$ für die Summe $x_m + \cdots + x_n$ und $\prod_{i=m}^{n} x_i$ für das Produkt $x_m \cdot \ldots \cdot x_n$ der Zahlen $x_m, \ldots, x_n$.

Eine Zahl ist *Primzahl*, wenn sie größer als 1 und nur durch sich selbst und 1 teilbar ist. Die ersten vier Primzahlen sind also 2, 3, 5 und 7. Die Gesamtmenge der Primzahlen ist unendlich. Eine für die Berechenbarkeitstheorie entscheidende Eigenschaft ist, daß sich jede natürliche Zahl eindeutig in ein Produkt von Primfaktoren zerlegen läßt. Beispielsweise hat 1996 die Primfaktorzerlegung $2 \cdot 2 \cdot 499$.

2 Registermaschinen

Das Modell der Registermaschine basiert auf der Arbeitsweise programmierbarer Digital-Rechner. Register sind Speicherzellen für den Datentyp der natürlichen Zahlen.[1] Zur Bearbeitung der Registerinhalte verfügt die Registermaschine über einen Satz an Elementar-Operationen, wobei man verschiedene Varianten erhält, je nachdem, welche speziellen Operationen zugelassen werden. Eine Berechnung besteht in der programmgesteuerten Ausführung einer Folge von Elementar-Operationen.

Wir gehen von der folgenden Präzisierung der Registermaschine aus:

Definition 2.1. Eine *Registermaschine (RM)* besteht aus unendlich vielen *Registern* $R_1, R_2, R_3, \ldots$, von denen jedes eine beliebige natürliche Zahl $n \geq 0$ aufnehmen kann.

Als *Elementar-Operationen* auf den Registern nehmen wir:

- die Erhöhung des Inhalts um 1,
- die Verminderung des Inhalts um 1, wobei aber der Wert 0 nicht unterschritten werden darf,
- die Abfrage, ob der Inhalt größer als 0 ist.

Ein Grund für die Wahl eines derartig spartanischen Satzes von Elementar-Operationen ist, daß sich die Beschränkung auf wenige Grundbegriffe letztlich auszahlt, wenn wiederholt Eigenschaften durch Fallunterscheidung über die Operationen nachgewiesen werden. Ein weiterer Grund ist, daß bei diesen Operationen sicherlich kein Zweifel an der effektiven Ausführbarkeit besteht. Zudem wird

[1] Wie die Zahlen konkret dargestellt werden, ist für das Folgende nicht wichtig. Um die vorgestellten Algorithmen nachzuvollziehen, kann man beispielsweise annehmen, daß eine Zahl durch eine entsprechende Anzahl von Strichen auf dem Papier repräsentiert wird.

sich zeigen, daß die ganze Leistungsfähigkeit beliebiger algorithmischer Kalküle durch geeignete Verknüpfung dieser Operationen aufgebaut werden kann.

Syntax von RM-Programmen

Wie in realen Rechnern sollen Berechnungen in Registermaschinen programmgesteuert ablaufen. Das erfordert eine geeignete *Programmiersprache*. Auch hier gibt es verschiedene Möglichkeiten. Wir orientieren uns an der Disziplin der *strukturierten Programmierung*, die u.a. die Grundlage der Sprachen PASCAL und MODULA bildet.

Wir benötigen Bezeichner für die Elementar-Operationen sowie Konstruktionsprinzipien zur Verknüpfung von Programmteilen:
Als Bezeichner für Elementar-Operationen verwenden wir:

$$I_i, \quad D_i \quad \text{und} \quad T_i, \qquad i \geq 1 .$$

Die Symbole I, D und T sollen die beabsichtigte Bedeutung *Inkrementieren*, *Dekrementieren* und *Test* widerspiegeln. Zusätzlich benötigen wir ein Symbol E zur Kennzeichnung des *Endes* von Programmschleifen.

Wir kommen damit zur zentralen

Definition 2.2. *Registermaschinen-Programme* (abgekürzt auch *RM-Programme* oder einfach *Programme*) werden wie folgt induktiv aufgebaut:

P1. Die leere Zeichenkette ϵ sowie alle I_i und D_i sind Programme.
P2. Sind Q und R Programme, dann auch QR.
P3. Wenn S ein Programm ist, dann auch alle Zeichenketten $T_i S E$.

Eine Zeichenkette über den Grundsymbolen ist also ein Programm, wenn sie durch iterierte Anwendung von P2 und P3 aus den Elementar-Programmen in P1 gewonnen werden kann. Dabei entspricht die leere Zeichenkette ϵ in P1 der leeren Anweisung in gängigen Programmiersprachen.

Zur leichteren Lesbarkeit trennen wir Programmbestandteile häufig durch ein Semikolon voneinander, schreiben also $Q;R$ statt QR.

Entsprechend verwenden wir meistens die Schreibweise

P4. **while** T_i **do** S **od** statt $T_i S E$.

Die Bestandteile I_i, D_i und **while** T_i **do** S **od** eines Programms bezeichnen wir auch als *Anweisungen*, Verknüpfungen von Anweisungen entsprechend als *Anweisungsfolgen*.

Beispiel 2.3. Einige einfache RM-Programme:

(i) $P =$ **while** T_1 **do** D_1 **od**.
(ii) $R = I_1;$ **while** T_1 **do od**.
(iii) Mit dem Programm P aus (i) ist für jedes $k \geq 0$ auch $Q_k = P; \underbrace{I_1; \ldots; I_1}_{k\text{-mal}}$ ein Programm.

Für die Definition der Semantik von RM-Programmen benötigen wir die folgende offensichtliche Feststellung:

P5. *Jedes Programm P ist entweder leer, oder es gibt Programme Q und S, so daß P eine der nachfolgenden Formen hat:*

$I_i;Q$, $D_i;Q$ *oder* **while** T_i **do** S **od**; Q.

In Kap. 4 wird die Tatsache benötigt, daß eine Zeichenkette genau dann ein Programm ist, wenn die Test-Symbole als öffnende und E als schließende Klammer eineindeutig aufeinander bezogen sind. Zur Präzisierung bezeichnen wir eine Zeichenkette $\alpha = a_1 \cdots a_n$ über den I, D, T und E als *korrekt geschachtelt*, wenn die beiden folgenden Bedingungen gelten:

(1) In α kommen genau so viele T's wie E's vor.
(2) In jedem Präfix $a_1 \cdots a_i$ von α ist die Anzahl der T's größer oder gleich der Anzahl der E's.

Die Programme aus Beispiel 2.3 erfüllen offensichtlich beide Bedingungen. Dagegen ist etwa die Zeichenkette $\alpha = a_1a_2a_3 = ED_2T_1$ nicht korrekt geschachtelt; zwar ist (1) erfüllt, nicht jedoch (2), wie die Präfixe a_1 oder a_1a_2 zeigen.

Allgemein gilt:

P6. *Eine Zeichenkette α über den I, D, T und E ist genau dann ein Programm, wenn sie korrekt geschachtelt ist.*

Beweis. Die Tatsache, daß jedes Programm korrekt geschachtelt ist, ergibt sich sofort aus dem induktiven Aufbau nach P1, P2 und P3. Die Details seien dem Leser überlassen.

Wir zeigen die Umkehrung durch Induktion über die Länge n von α:

Induktionsanfang. Für $n = 0$ ist α die leere Zeichenkette ϵ. Nach P1 ist ϵ ein Programm.

Induktionsschritt. Als Induktionsvoraussetzung nehmen wir an, daß die Behauptung für alle $m < n$ gilt. Wir zeigen, daß sie dann auch auf n zutrifft. Sei also $\alpha = a_1 \cdots a_n$ eine korrekt geschachtelte Zeichenkette der Länge $n \geq 1$.

Falls a_1 ein I_i ist, ist $a_2 \cdots a_n$ korrekt geschachtelt, also nach Induktionsvoraussetzung ein Programm. Dann ist nach P1 und P2 aber auch $I_i a_2 \cdots a_n = \alpha$ ein Programm. Der Fall $a_1 = D_i$ ist analog.

Sei schließlich a_1 ein T_i. Da α korrekt geschachtelt ist, existiert zu a_1 ein eindeutig bestimmtes Vorkommen a_m der schließenden Klammer E. Dann sind $a_2 \cdots a_{m-1}$ wie auch $a_{m+1} \cdots a_n$ korrekt geschachtelt, also nach Induktionsvoraussetzung Programme. Daraus folgt nun mit P3 und P2, daß auch α ein Programm ist. □

Ebenso wie die Registermaschine selbst mag die RM-Sprache bedenklich minimalistisch erscheinen. So verfügen wir beispielsweise nicht einmal über ein Konstrukt für die *Auswahl* zwischen Anweisungsfolgen. Wir werden aber im nächsten Kapitel sehen, daß wir alle wesentlichen Bestandteile einer leistungsfähigen Programmiersprache aus unseren Basisbausteinen *aufbauen* können.

Semantik von RM-Programmen

Semantik ordnet einem formalen System Bedeutung zu. Die Bedeutung eines Registermaschinen-Programms besteht in der *Wirkung* auf den *Zustand* der Maschine.

Ein Zustand ist gegeben durch die Gesamtheit der Registerinhalte. Formal ist ein Zustand eine Abbildung $v(i) = x_i$, wobei x_i jeweils den gegenwärtigen Inhalt des Registers R_i bezeichnet. Wir schreiben einen Zustand oft auch in der Form eines Vektors $v = (x_1, x_2, x_3, \ldots)$.

Wir verfolgen die Wirkung eines Programms durch Angabe der Zustandsveränderungen und des jeweils noch abzuarbeitenden Restprogramms.

Formal wird die Semantik von RM-Programmen *induktiv über den Programmaufbau* definiert:

Definition 2.4. Eine *Ausführung* des Programms P ist eine (möglicherweise unendliche) alternierende Folge

$$v_0\, P_1\, v_1 \cdots v_{n-1}\, P_n\, v_n\, P_{n+1} \cdots$$

von Zuständen und Programmen, so daß $P_1 = P$ und für $n \geq 1$ je nach Form von P_n gemäß P5 die folgenden Fälle P7–P10 zu unterscheiden sind:

P7. Falls $P_n = \epsilon$, *terminiert* die Ausführung im *Endzustand* v_{n-1}.

In allen anderen Fällen existiert ein Folgezustand v_n und ein noch auszuführendes Programm P_{n+1}:

P8. Falls P_n die Form $I_i;Q$ hat, wird der Inhalt von R_i um 1 erhöht, und dann Q ausgeführt, formal:

$$v_n(j) = \begin{cases} v_{n-1}(j) + 1, & \text{falls } i = j \\ v_{n-1}(j), & \text{sonst} \end{cases} \qquad \text{und} \qquad P_{n+1} = Q\,.$$

P9. Falls P_n die Form $D_i;Q$ hat, wird der Inhalt von R_i um 1 vermindert, falls er nicht bereits 0 ist, und dann Q ausgeführt:

$$v_n(j) = \begin{cases} v_{n-1}(j) - 1, & \text{falls } i = j \\ & \text{und } v_{n-1}(i) \neq 0 \\ v_{n-1}(j), & \text{sonst} \end{cases} \qquad \text{und} \qquad P_{n+1} = Q\,.$$

P10. Falls schließlich P_n die Form **while** T_i **do** S **od**; Q hat, wird der Zustand nicht verändert, sondern lediglich je nach Wert der Schleifenbedingung die Kontrolle an den Anfang des Schleifenkörpers oder an das Schleifenende übergeben. Im ersten Fall wird nach Abarbeitung des Körpers die Kontrolle an den Schleifenanfang zurückgegeben. Formal:

$$v_n = v_{n-1} \qquad \text{und} \qquad P_{n+1} = \begin{cases} S;P_n, & \text{falls } v_{n-1}(i) \neq 0 \\ Q, & \text{sonst}\,. \end{cases}$$

Beispiel 2.5. Die Ausführung des Programms $P =$ **while** T_1 **do** D_1 **od** im Anfangszustand $v_0 = (1, 0, 0, \ldots)$ erzeugt die folgende alternierende Folge von Zuständen und Rest-Programmen:

$$\underbrace{(1,0,0,\ldots)}_{v_0}\ \underbrace{P}_{P_1}\ \underbrace{(1,0,0,\ldots)}_{v_1 = v_0}\ \underbrace{D_1 P}_{P_2}\ \underbrace{(0,0,0,\ldots)}_{v_2}\ \underbrace{P}_{P_3}\ \underbrace{(0,0,0,\ldots)}_{v_3 = v_2}\ \underbrace{\epsilon}_{P_4}.$$

Es ist leicht zu sehen, daß die Ausführung von P auch für jeden anderen Anfangszustand terminiert, und daß das Register R_1 im Endzustand stets den Wert 0 enthält, während alle anderen Register unverändert bleiben.

Beispiel 2.6. Die Ausführung des Programms **while** T_1 **do** I_1 **od** im Anfangszustand v_0 terminiert sofort, falls $v_0(1) = 0$. Falls dagegen $v_0(1) \neq 0$, terminiert die Ausführung nicht. Man sagt auch, sie *divergiert.*

Übung 2.7. Man beschreibe die Ausführung des Programms

$P =$ **while** T_1 **do** D_1 **od;**
while T_2 **do** I_1 **od**

im Anfangszustand $v_0 = (1, 1, 0, 0, \ldots)$.

Registermaschinen-Berechenbarkeit

Wir wollen Registermaschinen zur Berechnung von Funktionen einsetzen. Für jede Stelligkeit $n \geq 0$ definiert ein RM-Programm P eine n-stellige (möglicherweise *partielle*) Funktion, wenn wir vereinbaren, daß die Argumente jeweils in den Registern $R_1, \ldots, R_n$ vorliegen und alle anderen Register anfänglich den Wert 0 enthalten. Das Programm transformiert diese Eingabe (falls es terminiert) in einen eindeutigen Endzustand. Wir vereinbaren, den Inhalt von R_1 im Endzustand als Resultat der Berechnung zu interpretieren. Eine solche Berechnung nennen wir auch *normiert.* Formal:

Definition 2.8. Sei P ein RM-Programm. Für jedes $n \geq 0$ ist die *durch P berechnete n-stellige (im allgemeinen partielle) Funktion f_P^n* definiert durch

$$f_P^n(x_1, \ldots, x_n) := \begin{cases} v(1), & \text{falls die Ausführung von } P \\ & \text{mit Anfangszustand} \\ & (x_1, \ldots, x_n, 0, 0, \ldots) \\ & \text{im Endzustand } v \text{ terminiert.} \\ \text{undefiniert}, & \text{sonst}. \end{cases}$$

Falls die gemeinte Stelligkeit zweifelsfrei aus dem Zusammenhang hervorgeht, lassen wir den oberen Index n meist weg und schreiben f_P statt f_P^n. Wir betonen aber, daß jedes Programm P für *jede Stelligkeit n* eine eigene Funktion f_P^n definiert.

Statt *undefiniert* schreiben wir meist kurz „$\perp$“, wobei mit diesem Symbol jedoch kein irgendwie definierter *Wert* gemeint ist.

Beispiel 2.9.

(i) Für $P =$ **while** T_2 **do** $I_1; D_2$ **od** ist $f_P^2(x, y)$ die Summe $x + y$.
(ii) Sei $n \geq 0$. Für $Q = I_1;$ **while** T_1 **do od** gilt: $f_Q^n(x_1, \ldots, x_n) = \perp$ für alle $x_1, \ldots, x_n$.

Übung 2.10. Welche Funktionen f_P^1 und f_P^2 werden durch das Programm P aus Übung 2.7 berechnet?

Nachdem wir festgelegt haben, *wie* RM-Programme Funktionen berechnen, können wir jetzt die zentrale Frage stellen, *welche* Funktionen auf diese Weise berechenbar sind. Dazu die grundlegende, wenn auch offensichtliche

Definition 2.11. Eine partielle Funktion f heißt *Registermaschinen-berechenbar*, kurz *RM-berechenbar*, falls ein RM-Programm P existiert, so daß $f = f_P^n$.

Wir machen häufig von der folgenden Sprechweise Gebrauch:

Verabredung 2.12. Falls nicht anders erwähnt, verstehen wir unter *berechenbar* immer *RM-berechenbar*.

Das nächste Kapitel befaßt sich systematisch mit RM-berechenbaren Funktionen. Zur Illustration seien jedoch einige einfache Beispiele vorweggenommen:

R0. *Für jedes $n \geq 0$ ist die n-stellige überall undefinierte Funktion*

$$bot^n(x_1, \ldots, x_n) := \bot$$

RM-berechenbar.

Beweis. Siehe Beispiel 2.9(ii). □

R1. *Für alle $n, k \geq 0$ ist die Konstantenfunktion*

$$C_k^n(x_1, \ldots, x_n) := k$$

RM-berechenbar. Die nullstelligen Konstantenfunktionen nennen wir auch einfach Konstanten und schreiben k statt C_k^0.

Beweis. Für das Programm Q_k aus Beispiel 2.3(iii) ist $C_k^n = f_{Q_k}^n$. □

R2. *Für jede Stelligkeit $n \geq 1$ sind die Projektionsfunktionen*

$$\pi_i^n(x_1, \ldots, x_n) := x_i, \quad 1 \leq i \leq n,$$

RM-berechenbar. Statt π_1^1 schreiben wir meist id *und sprechen von der Identitätsfunktion. Statt* $\mathrm{id}(x)$ *schreiben wir meist x.*

Beweis. Dem Leser als Übung überlassen. □

R3. *Die Summe $x + y$ ist RM-berechenbar.*

Beweis. Siehe Beispiel 2.9(i). □

3 Berechenbare Funktionen

Im vorigen Kapitel haben wir den Begriff der Registermaschinen-berechenbaren Funktion eingeführt. Wir zeigen in diesem Kapitel für eine Reihe häufig verwendeter Funktionen, daß sie in diesem Sinn berechenbar sind. Zur Erleichterung des Programmentwurfs stellen wir zunächst einen Vorrat an *Makros* zusammen, mit denen wir leistungsfähige Ausdrucksformen wie *Wertzuweisungen*, *Boolesche Ausdrücke* und *bedingte Anweisungen* nachbilden können.

Register-Variable

In Definition 2.8 haben wir die Register $R_1, R_2, R_3, \ldots$ als normierte Ein-/Ausgabe-Register festgelegt. Nun kann sicherlich jedes Programm durch entsprechende Umbenennung der Register-Indizes in ein Programm umgewandelt werden, das dieselbe Wirkung auf einer beliebigen anderen Menge von Registern erzielt. Bei dem Entwurf von Programmen verzichten wir daher weitgehend auf die Festlegung von expliziten Registern und verwenden stattdessen symbolische Bezeichner.

Wir bezeichnen Register durch nichtkursive Großbuchstaben wie X, Y, U_1, V_{17}, ZU, PS, wobei mit R_i jedoch immer das konkrete Register Nr. *i* gemeint ist. Der abstrakteren Sichtweise tragen wir auch dadurch Rechnung, daß wir meistens von *Variablen* statt von Registern sprechen. Falls nicht anders erwähnt, nehmen wir an, daß verschiedene Variable auch verschiedene Register bezeichnen. Falls eine Variable X das Register R_i bezeichnet, schreiben wir

$$Inc(\mathrm{X}) \text{ statt } I_i, \quad Dec(\mathrm{X}) \text{ statt } D_i \quad \text{und } \mathrm{X} > 0 \text{ statt } T_i.$$

3.1 Programm-Makros

Unter einem *Makro* verstehen wir eine abgekürzte Schreibweise für eine Anweisungsfolge. Umgekehrt wird die zu einem Makro gehörende Anweisungsfolge *Expansion* genannt.

Zuweisungen

Zuweisungen werden verwendet, um den augenblicklichen Wert einer Variablen durch einen neuen zu ersetzen. Dieser neue Wert kann eine *Konstante*, der Wert einer *weiteren Variablen* oder ein *Funktionswert* sein.

Sei $k \geq 0$. Wir schreiben als Abkürzung

M1. X := k für **while** X > 0 **do** *Dec*(X) **od**;
$\underbrace{Inc(\mathrm{X}); \ldots ; Inc(\mathrm{X})}_{k\text{-mal}}$.

Das Makro M1 bewirkt die Ersetzung des Werts von X durch die Konstante k.

Die meisten Programmiersprachen ermöglichen Zuweisungen des Werts einer Variablen X an eine Variable Y, wobei der Wert von X erhalten bleibt. Die Elementar-Operationen der Registermaschine *verändern* dagegen stets die Registerinhalte. Daher erfordert die Nachbildung einer werterhaltenden Zuweisung die Verwendung eines Hilfsregisters zur *Wiederherstellung* des Werts von X. Eine weitere Schwierigkeit kommt hinzu, wenn auch der Fall berücksichtigt werden soll, daß X und Y dasselbe Register bezeichnen. Das folgende Makro M2 leistet das Gewünschte:

Falls X und Y *verschiedene* Register bezeichnen, schreiben wir

M2. Y := X für Y := 0; U := 0;
while X > 0 **do** *Inc*(U); *Dec*(X) **od**;
while U > 0 **do** *Inc*(X); *Inc*(Y); *Dec*(U) **od**.

Falls X und Y *dasselbe* Register bezeichnen, soll Y := X für das leere Programm ϵ stehen. Damit können wir M2 in jedem Fall anwenden.

Übung 3.1. Welche Wirkung hätte M2 ohne die obige Einschränkung für den Fall, daß X und Y dasselbe Register bezeichnen?

Wir nehmen an, daß Hilfsregister wie U in M2 stets *neu* sind, d.h., an keiner anderen Stelle im umgebenden Programm vorkommen. Das ist möglich, da jedes Programm eine endliche Zeichenkette ist, also auch nur eine endliche Anzahl der unbeschränkt vielen verfügbaren Register darin vorkommt. Zur Kennzeichnung von Hilfsregistern verwenden wir häufig die Bezeichner U, V oder W.

Je nachdem, welche konkreten Hilfsregister verwendet werden, ergeben sich strenggenommen verschiedene Programme. Wir sprechen aber dennoch üblicherweise von *der* Expansion eines Makros.

Das folgende *Translations*-Makro dient dazu, Funktionen auf beliebige Register anzuwenden:

Sei $f = f_P^n$ berechenbar. Seien $X_1, \ldots, X_n$ und Z beliebige, nicht notwendigerweise verschiedene Register. Dann schreiben wir als Abkürzung

M3. $Z := f(X_1, \ldots, X_n)$ für $\hat{P} = U_1 := X_1; \ldots; U_n := X_n;$
$P';$
$Z := U_1,$

wobei P' aus P durch Ersetzen aller vorkommenden Register R_i durch *neue* U_i entsteht, die insbesondere auch verschieden von den X_i und Z angenommen werden.

$\hat{P}$ berechnet den Wert von f für die augenblicklichen Werte der X_i und weist das Resultat der Variablen Z zu. Dabei ist sichergestellt, daß keine Variablenwerte verändert werden, die möglicherweise Einfluß auf umgebende Programmteile haben. Insbesondere stehen die X_i nach der Zuweisung wieder unverändert zur Verfügung.

Beispiel 3.2. Die Summe $x + y$ wird durch $P =$ **while** T_2 **do** $I_1; D_2$ **od** berechnet. Damit steht nach M3 die Zuweisung

$Z := X + Y$ für $\hat{P} = U := X; V := Y;$
while $V > 0$ **do** $Inc(U); Dec(V)$ **od**;
$Z := U.$

Zuweisungen von Typ M3 erlauben es, beim Beweis der Berechenbarkeit auf bereits als berechenbar nachgewiesene Funktionen zurückzugreifen. Dies sei am Beispiel der *Multiplikation* illustriert:

R4. *Das Produkt $x \cdot y$ ist berechenbar.*

Beweis. Unter Verwendung des Makros W := W + R_2 durch das Programm

W := 0; U := R_1;
while U > 0 **do** W := W + R_2; *Dec*(U) **od**;
R_1 := W. □

Wir weisen die Berechenbarkeit einer Funktion oft durch die Angabe eines Programms nach, das die Eingabe in frei gewählten Registern erwartet und entsprechend das Resultat einem weiteren frei gewählten Register zuweist. Die Beziehung zwischen Funktionsargumenten $x, y, x_i, n, k \ldots$ und zugehörigen Eingaberegistern machen wir durch die Wahl korrespondierender Bezeichner X, Y, X_i, N, K ... kenntlich. Das Resultatregister bezeichnen wir mit RES.

Bei der Formulierung von Programmen achten wir immer darauf, daß die gewünschte Wirkung auch in dem Fall erzielt wird, daß verschiedene Argument- oder Resultatvariable dasselbe Register bezeichnen.

Man beachte, daß die normierte Berechenbarkeit in der allgemeinen Methode enthalten ist, wenn wir als Ein-/Ausgabe-Register speziell R_1, R_2, R_3 usw. festlegen.

Beispiel 3.3. In Verallgemeinerung von R4 erhalten wir für das Produkt $x \cdot y$ das folgende Berechnungsprogramm:

W := 0; U := X;
while U > 0 **do** W := W + Y; *Dec*(U) **od**;
RES := W.

Eine weitere Anwendung von M3 bezieht sich auf die *Einsetzung* von Funktionen ineinander:

R5. *Seien $f(x_1, \ldots, x_n)$ und $g(y_1, \ldots, y_m)$ berechenbar. Dann ist die aus f durch Einsetzung von g an der i-ten Stelle, $1 \leq i \leq n$, entstehende Funktion*

$$h(x_1, \ldots, x_{i-1}, y_1, \ldots, y_m, x_{i+1}, \ldots, x_n) := f(x_1, \ldots, x_{i-1}, g(y_1, \ldots, y_m), x_{i+1}, \ldots, x_n)$$

ebenfalls berechenbar.

Beweis. Durch das Programm

$$\begin{aligned}&\mathrm{U}_i := g(\mathrm{Y}_1, \ldots, \mathrm{Y}_m);\\&\mathrm{RES} := f(\mathrm{X}_1, \ldots, \mathrm{X}_{i-1}, \mathrm{U}_i, \mathrm{X}_{i+1}, \ldots, \mathrm{X}_n).\end{aligned}$$

Die Einführung der neuen Variablen U_i dient zur Vermeidung möglicher Seiteneffekte in dem Fall, daß X_i dasselbe Register bezeichnet wie eine weitere Variable X_j. □

Das folgende Beispiel illustriert typische Anwendungen von R5:

Beispiel 3.4.

(i) Die Funktion $h(x, y, z) := x \cdot (y + z)$ ist berechenbar. Das folgt mit R5 aus R3 und R4 durch Einsetzen von $g(y, z) := y + z$ für x' in $f(x, x') := x \cdot x'$.

(ii) Auch mehrfache Einsetzungen sind durch R5 abgedeckt. Beispielsweise folgt, daß die Summe $x_1 + \cdots + x_n$ einer festen Zahl $n > 2$ von Summanden auf die einfache Summe zurückgeführt werden kann.

Beispiel 3.5. Dagegen kann nicht unmittelbar mit R5 begründet werden, daß die Funktion $f(x) := 1 + 2 + \cdots + (x - 1) + x$ berechenbar ist. Der Grund ist, daß sich hier hinter dem Auslassungssymbol „$\cdots$" nicht eine feste, sondern eine vom Argument x abhängige Anzahl von weiteren Argumenten verbirgt.

Wir verstehen unter R5 im folgenden die Aussage, daß die Einsetzung einer *beliebigen, aber festen Anzahl* von berechenbaren Funktionen ineinander wieder eine berechenbare Funktion erzeugt.

Bemerkung 3.6. Ein gewisses Problem bei der Anwendung von R5 bereitet der Umgang mit Definitionslücken von partiellen Funktionen. Aus der Implementierung von R5 geht hervor, daß sich undefinierte Werte auf alle umfassende Funktionen vererben. Wir ziehen es nach Möglichkeit meistens vor, mit totalen Funktionen zu arbeiten. Dazu ist es oft erforderlich, an sonst undefinierten Stellen einen Sonderwert einzuführen. So weisen wir beispielsweise der Division durch 0 den Wert 0 zu. Dazu aber später mehr.

Test-Makros

Bisher haben wir als Abbruchbedingung für Schleifen nur den Test einer Variablen auf 0 zur Verfügung. Wir zeigen jetzt, wie beliebige Größenvergleiche zwischen berechenbaren arithmetischen Ausdrücken und Boolesche Verknüpfungen solcher Vergleiche als Test-Makros verwendet werden können.

Ein *arithmetischer Ausdruck* η ist ein Ausdruck $f(X_1, \ldots, X_n)$, gebildet aus Variablen X_i und einer berechenbaren Funktion f.

Eine *atomare Bedingung* ist ein Vergleich der Form

(1) $$\eta < \theta$$

zwischen zwei arithmetischen Ausdrücken (wobei nicht notwendigerweise in beiden dieselben Variablen vorkommen müssen).

Eine *Bedingung* ist ein Boolescher Ausdruck τ, der aus atomaren Bedingungen und den Junktoren $\neg$ (*nicht*), $\wedge$ (*und*) und $\vee$ (*oder*) aufgebaut ist.

Beispiel 3.7.

(i) Nach R4 und R2 ist der Ausdruck $X \cdot Y < Z$ eine atomare Bedingung und daher $\neg (X \cdot Y < Z)$ eine Bedingung, für die wir natürlich auch kürzer $Z \leq X \cdot Y$ schreiben können.
(ii) Entsprechend sind $X \leq 4$ und $4 \leq X$ nach R2 und R1 zulässige Bedingungen. Das gilt daher auch für die Konjunktion $(X \leq 4) \wedge (4 \leq X)$. Hierfür schreiben wir wieder kurz $X = 4$.

Wie in dem Beispiel angedeutet, fassen wir allgemein Vergleiche der Form

$$\eta \leq \theta, \quad \eta = \theta \quad \text{und} \quad \eta \neq \theta$$

als Abkürzung für Bedingungen auf, die aus der atomaren Bedingung $\eta < \theta$ aufgebaut sind.

Die Idee bei der Formulierung von *Test-Makros* ist es, jeder Bedingung τ eine *neue* Variable V_τ und eine Anweisungsfolge P_τ zuzuordnen, so daß gilt:

(2) P_τ weist der Variablen V_τ einen Wert $\begin{cases} \neq 0 & \text{zu, falls } \tau \text{ gilt,} \\ 0, & \text{sonst.} \end{cases}$

Zur Konstruktion der P_τ benötigen wir die folgende *modifizierte Differenz*:

$$x \dot{-} y := \begin{cases} x - y, & \text{falls } x > y \\ 0, & \text{sonst}. \end{cases}$$

R6. *Die modifizierte Differenz $x \dot{-} y$ ist berechenbar.*

Beweis. Durch

U := X; V := Y;
while V > 0 **do** *Dec*(U); *Dec*(V) **od**;
RES := U. □

Die Anweisungsfolgen P_τ werden jetzt *induktiv* über den Aufbau der Bedingung τ definiert.

Für eine *atomare Bedingung*

(3) $\tau = \eta < \theta$ setzen wir $P_\tau = V_\tau := \theta \dot{-} \eta$.

Die Expansion von P_τ in ein RM-Programm ergibt sich aus M3, R5 und R6. Die Gültigkeit von (2) ist sofort einzusehen.

Im *Induktionsschritt* betrachten wir die Verknüpfungen $\tau = \neg\sigma$ und $\tau = \sigma \wedge \rho$ von Bedingungen σ und ρ. (Diese beiden Fälle reichen aus, da nach den *De Morganschen Regeln* $\sigma \vee \rho$ als Abkürzung für $\neg(\neg\sigma \wedge \neg\rho)$ verstanden werden kann.)

(4) Falls $\tau = \neg\sigma$, setze $P_\tau = P_\sigma; V_\tau := 1 \dot{-} V_\sigma$.

Nach Konstruktion weist P_τ der Variablen V_τ genau dann den Wert 1 (also insbesondere einen Wert $\neq 0$) zu, wenn $V_\sigma = 0$, und 0 sonst. Nach Induktionsannahme (2) für σ folgt hieraus sofort die Behauptung für τ.

(5) Falls $\tau = \sigma \wedge \rho$, setze $P_\tau = P_\sigma; P_\rho; V_\tau := V_\sigma \cdot V_\rho$.

Auch in diesem Fall folgt aus der Induktionsannahme (2) für σ und ρ sofort die Behauptung für τ.

Damit ist der induktive Aufbau der P_τ beendet, und wir können jetzt unsere Test-Makros formulieren:

Sei Q eine Anweisungsfolge und τ eine Bedingung. Seien P_τ und V_τ wie in (2), wobei in P_τ und Q kein gemeinsames Register vorkommt. Dann schreiben wir

M4. **while** τ **do** Q **od** für P_τ; **while** $V_\tau > 0$ **do** Q; P_τ **od**.

Das Programmstück P_τ gewährleistet, daß die Wahrheitswerte der Bedingung τ und des Elementar-Tests $V_\tau > 0$ vor jeder Auswertung des Schleifenkopfes übereinstimmen.

Beispiel 3.8. Sei P das Programm

$$\begin{array}{l} X := 1; Y := 2; Z := 4; \\ \textbf{while } \neg (Z < 4) \wedge (X \cdot Y < Z) \textbf{ do } Dec(Z) \textbf{ od}. \end{array}$$

Zur Abkürzung schreiben wir σ für den atomaren Bestandteil $Z < 4$ und entsprechend ρ für $X \cdot Y < Z$. Für die Bedingung $\tau = \neg\sigma \wedge \rho$ wird P_τ dann induktiv wie folgt aufgebaut:

$$\left.\begin{array}{l} \left.\begin{array}{ll} V_\sigma := 4 \dot{-} Z; & P_\sigma \\ V_{\neg\sigma} := 1 \dot{-} V_\sigma; & \end{array}\right\} P_{\neg\sigma} \\ V_\rho := Z \dot{-} X \cdot Y; \quad P_\rho \\ V_\tau := V_{\neg\sigma} \cdot V_\rho . \end{array}\right\} P_\tau$$

Die folgende Tabelle illustriert die Beziehung zwischen τ und V_τ:

Z	τ	V_σ	$V_{\neg\sigma}$	V_ρ	V_τ
4	wahr	0	1	2	2
3	falsch	1	0	1	0.

Das erste Vorkommen von P_τ sorgt dafür, daß für $Z = 4$ die Schleifenbedingung $V_\tau > 0$ erfüllt ist, das zweite bewirkt, daß die Schleife für $Z = 3$ nicht erneut betreten wird.

Bedingte Anweisungen

In jeder Programmiersprache gibt es Anweisungen, die es ermöglichen, den Ablauf eines Programms von bestimmten Bedingungen abhängig zu machen, etwa die **if**-Anweisung und die **case**-Anweisung in MODULA. Wir wollen unseren Vorrat an Makros abschließend durch entsprechende Konstrukte vervollständigen.

Eine **if**-Anweisung können wir durch eine **while**-Schleife darstellen, die *höchstens* einmal durchlaufen wird:

Sei τ eine Bedingung, P eine Anweisungsfolge. Dann steht das Makro

M5. **if** τ **then** P **fi** für V := 1;
while $\tau \wedge \mathrm{V} > 0$ **do** P; $Dec(\mathrm{V})$ **od**,

wobei wir wie üblich voraussetzen, daß V neu ist, also nicht in P vorkommt.

Mit M5 können wir auch eine zweiseitige Auswahl zwischen Anweisungsfolgen P und Q formulieren: Wir schreiben

M6. **if** τ **then** P **else** Q **fi** für U := 0;
if τ **then** U := 1; P **fi**;
if U = 0 **then** Q **fi**,

wobei U eine neue (insbesondere nicht in P vorkommende) Variable ist. Die Zuweisung U := 1 und die Bedingung U = 0 sorgen dafür, daß der **else**-Zweig nicht zusätzlich zum **if**-Zweig ausgeführt wird.

Mit M6 folgt sofort, daß die Klasse der berechenbaren Funktionen unter *Definition durch Fallunterscheidung* abgeschlossen ist, eine Tatsache, die wir noch häufig benötigen:

R7. *Seien* $f(x_1, \ldots, x_n)$ *und* $g(x_1, \ldots, x_n)$ *berechenbar, und sei* τ *eine aus berechenbaren arithmetischen Ausdrücken gebildete Bedingung. Dann ist die Funktion*

$$h(x_1, \ldots, x_n) := \begin{cases} f(x_1, \ldots, x_n), & \textit{falls } \tau \textit{ gilt} \\ g(x_1, \ldots, x_n), & \textit{sonst} \end{cases}$$

ebenfalls berechenbar.

Beweis. Durch das Programm

if τ **then** RES := $f(\mathrm{X}_1, \ldots, \mathrm{X}_n)$
else RES := $g(\mathrm{X}_1, \ldots, \mathrm{X}_n)$ **fi**. □

Schließlich benötigen wir noch ein **case**-Makro der Form

M7. **case** V **of** 1: P_1; ...; k: P_k **esac**,

das die Ausführung der Anweisungsfolge P_i genau dann bewirkt, wenn V einen Wert i aus dem Bereich $1, \ldots, k$ hat, und andernfalls ohne Wirkung bleibt. Wir überlassen die Implementierung als einfache Übung.

3.2 Weitere berechenbare Funktionen

Dieser Abschnitt enthält eine Zusammenstellung von häufig in der Praxis vorkommenden berechenbaren Funktionen.

Wir fassen zunächst die bisherigen, im Text verstreuten Ergebnisse zusammen. Wir haben bereits als berechenbar nachgewiesen: die überall *undefinierte Funktion* (R0), die *Konstanten-* und *Projektionsfunktionen* (R1, R2), die *Addition* (R3), die *Multiplikation* (R4), die *Funktions-Verknüpfung* (R5), die *Differenz* (R6) und die *Definition durch Fallunterscheidung* (R7).

Grundrechenarten

Als nächstes erweitern wir die Grundrechenarten um die (Ganzzahl-) *Division*, die *Potenz* und die *Fakultät*.

R8. *Es sind berechenbar: die Ganzzahl-Division*

$$x \text{ div } y := \begin{cases} \max\{z \mid y \cdot z \leq x\}, & \textit{falls } y \neq 0 \\ 0, & \textit{sonst} \end{cases}$$

und der Rest der Ganzzahl-Division

$$x \text{ mod } y := \begin{cases} x \dot{-} (x \text{ div } y) \cdot y, & \textit{falls } y \neq 0 \\ 0, & \textit{sonst}. \end{cases}$$

Beweis. x div y wird berechnet durch

```
if Y = 0 then RES := 0
else W := 0; U := X;
     while U ≥ Y do U := U ∸ Y; Inc(W) od;
     RES := W fi.
```

Die Behauptung für x mod y folgt hieraus dann mit R1, R4, R5, R6 und R7. □

Man beachte, daß wir die Definitionslücken x div 0 und x mod 0 durch Einführung des Werts 0 beseitigt haben. Diese Art der Ergänzung von eigentlich partiellen Funktionen wird uns noch häufig begegnen. Um welche speziellen Ergänzungswerte es sich dabei handelt, ist nicht wichtig, solange sie nicht weiter verwendet werden.

R9. *Die Potenz* $x^y = \underbrace{x \cdot \ldots \cdot x}_{y\text{-mal}}$, $x^0 = 1$, *ist berechenbar.*

Beweis. Durch

W := 1; U := Y;
while U > 0 **do** W := W · X; *Dec*(U) **od**;
RES := W. □

R10. *Die Fakultät* $x! = 1 \cdot 2 \cdot \ldots \cdot (x-1) \cdot x$, $0! = 1$, *ist berechenbar.*

Beweis. Durch

W := 1; U := X;
while U > 0 **do** W := W · U; *Dec*(U) **od**;
RES := W. □

In Kap. 5 benötigen wir:

R11. *Wenn* $f(x)$ *berechenbar ist, dann auch die zweistellige Iterationsfunktion* $f^n(x)$, *die gegeben ist durch*

$$f^0(x) = x, \qquad f^{n+1}(x) = f(f^n(x)).$$

Beweis. Durch

W := X; U := N;
while U > 0 **do** W := f(W); *Dec*(U) **od**;
RES := W. □

Primzahlen und Faktorisierung

Wie wir später sehen werden, beruht die Leistungsfähigkeit der Registermaschine entscheidend auf der Möglichkeit, endliche *Folgen* von Zahlen in *einzelne* Zahlen zu kodieren. Wir entwickeln im folgenden eine Methode, die auf der *Primfaktorzerlegung* beruht.

Dazu führen wir die Abbildung

$$pr(1) = 2,\ pr(2) = 3,\ pr(3) = 5,\ pr(4) = 7,\ \ldots$$

ein, die jeder Zahl n die n-te Primzahl[1] zuordnet, wobei wir als Sonderfall zusätzlich $pr(0) = 1$ vereinbaren.

---

[1] Die Existenz der Funktion $pr(n)$ beruht natürlich darauf, daß die Menge der Primzahlen unendlich ist; s. Lemma 6.4 auf S. 55.

R12. *Die Funktion $pr(n)$ ist berechenbar.*

Beweis. Durch das nachfolgende Programm P:

```
    W := 1; I := 1;
(1) while I ≤ N do
      Inc(I); PR := 0;
(2)   while PR = 0 do
        Inc(W); PR := 1;
        T := 2;
(3)     while T < W do
          if W mod T = 0 then PR := 0 fi;
          Inc(T)
    od od od;
    RES := W.
```

P besteht aus drei verschachtelten Schleifen. Wir zeigen durch *Induktion über i*, daß die Variable W nach i-maligem Durchlauf der Schleife (1) jeweils den Wert $pr(i)$ enthält. Daraus folgt $pr(n) = f_P(n)$, da die Schleife genau n-mal durchlaufen wird.

Induktionsanfang. Für $i = 0$ ist nichts zu zeigen.

Induktionsschritt. Die Behauptung gelte für ein $i \geq 0$. Wir zeigen, daß sie dann auch für $i + 1$ gilt. Im $(i + 1)$-ten Durchlauf von (1) werden in der Schleife (2) sukzessive die in W enthaltenen Nachfolger von $pr(i)$ geprüft: Bei jedem Durchlauf von (2) erfolgt zunächst die Zuweisung PR := 1, die in (3) rückgängig gemacht wird, falls W einen echten Teiler besitzt, also *keine* Primzahl ist. Die Abbruchbedingung für (2) ist erfüllt, sobald die Zuweisung PR := 0 in (3) nicht erfolgt. Das bedeutet aber, daß W nun eine Primzahl enthält, und zwar die erste oberhalb der bereits im i-ten Durchlauf von (1) gefundenen Primzahl $pr(i)$. □

Mit $pr(n)$ können nun tatsächlich Zahlen*folgen* in *einzelne Zahlen* kodiert werden. Die Idee dabei ist, die einzelnen Folgenglieder fortlaufend durch Primzahlpotenzen darzustellen und die so gewonnenen Zahlen miteinander zu multiplizieren.

Dazu definieren wir für jedes $n \geq 1$ die n-stellige Funktion

$$\langle x_1, \ldots, x_n \rangle := \prod_{i=1}^{n} pr(i)^{x_i}.$$

Die Zahl $\langle x_1, \ldots, x_n \rangle$ heißt *Folgennummer* der Folge $x_1, \ldots, x_n$. Man beachte, daß jede um beliebig viele 0'en verlängerte Folge dieselbe Folgennummer hat, da ein Exponent $x_i = 0$ stets mit dem Faktor $pr(i)^{x_i} = 1$ zum Produkt beiträgt. Für den entarteten Fall der leeren Folge vereinbaren wir $\langle\, \rangle := 1$. Diese Festlegung wird sich im nächsten Kapitel bei der Berechnung der Folgennummern von zusammengesetzten Folgen als nützlich erweisen.

R13. *Für jedes n ist die Funktion $\langle x_1, \ldots, x_n \rangle$ berechenbar.*

Beweis. Mit R12, R9, R4, R5 und R1. □

Die entscheidende Eigenschaft der Folgennummern ist, daß sich die Komponenten wieder zurückgewinnen lassen. Dazu dient die zweistellige *Komponentenfunktion* $x[i]$, die gegeben ist durch

$$x[i] := \begin{cases} 0, & \text{falls } x = 0 \text{ oder } i = 0 \\ \max\{ m \mid x \text{ ist teilbar durch } pr(i)^m \}, & \text{sonst}. \end{cases}$$

Die Notation $x[i]$ soll suggerieren, daß auf die Position i des „Feldes" x zugegriffen wird. Zur Illustration sei etwa $x = 25920 = 2^6 \cdot 3^4 \cdot 5^1$. Dann ist $x[1] = 6$, $x[2] = 4$, $x[3] = 1$ und $x[i] = 0$ sonst.

Für Zahlenfolgen $x_1, \ldots, x_n$ ist x_i gerade der Exponent der Primzahl Nr. i in der Zerlegung der Folgennummer, formal:

$$\langle x_1, \ldots, x_n \rangle [i] = \begin{cases} x_i, & \text{falls } 1 \le i \le n \\ 0, & \text{sonst}. \end{cases}$$

R14. *Die Funktion $x[i]$ ist berechenbar.*

Beweis. Durch

```
if X = 0 ∨ I = 0 then RES := 0
else M := 1;
     while X mod pr(I)^M = 0 do Inc(M) od;
     RES := M ∸ 1 fi.
```

Das Programm prüft für $m = 1, 2, 3, \ldots$ fortlaufend, ob $pr(i)^m$ in x aufgeht. Der Vorgänger des kleinsten m, bei dem dies nicht mehr der Fall ist, ist der gesuchte Exponent. □

Wir benötigen häufig Folgennummern von *Teilfolgen*. Diese lassen sich durch die dreistellige Funktion $x[i\,..\,j]$ berechnen, die gegeben ist durch

$$x[i\,..\,j] := \begin{cases} \prod_{k=i}^{j} pr(k+1-i)^{x[k]}, & \text{falls } i \le j \\ 1, & \text{sonst}. \end{cases}$$

Für eine Folge $x_1, \ldots, x_n$ gilt offensichtlich

$$\langle x_1, \ldots, x_n \rangle [i\,..\,j] = \begin{cases} \langle x_i, \ldots, x_j \rangle, & \text{falls } 1 \le i \le j \le n \\ 1, & \text{falls } j < i. \end{cases}$$

Von den übrigen Fällen (z.B.: $i = 0$ oder $j > n$) werden wir keinen Gebrauch machen.

Intuitiv bewirkt $\langle x_1, \ldots, x_n \rangle [i\,..\,j]$ eine Verschiebung der Folgenglieder $x_i, \ldots, x_j$ um $i - 1$ Trägerprimzahlen nach links. Man beachte, daß der Funktionswert 1 im sonst-Fall das neutrale Element der Multiplikation ist.

R15. *Die Funktion* $x[i\,..\,j]$ *ist berechenbar.*

Beweis. Durch

```
W := 1; K := I;
while K ≤ J do
  W := W · pr((K + 1) ∸ I)^X[K];
  Inc(K)
od;
RES := W.
```

□

4 Zeichenketten und Gödelnummern

Viele algorithmische Problemstellungen beziehen sich nicht auf den abstrakten Begriff der natürlichen Zahl, sondern auf Eingaben, die in Form einer endlichen Folge von Symbolen vorliegen. In diesem Kapitel erweitern wir den Berechenbarkeitsbegriff entsprechend auf den Umgang mit Zeichenketten. Dabei entwickeln wir die Prinzipien am Beispiel der Registermaschinen-Programme selbst. Dies wird in Kap. 5 für die Konstruktion von universellen Interpretern und in Kap. 7 für einige grundlegende Unentscheidbarkeitsbeweise benötigt. Die Methode ist jedoch allgemein auf alle algorithmischen Verfahren anwendbar, die auf Zeichenketten basieren. Wir gehen in Kap. 10 näher darauf ein.

Einführung

Die Idee bei der Übersetzung von Zeichenketten in natürliche Zahlen ist, den Symbolen eindeutige *Symbolnummern* zuzuordnen und die Symbolnummern so zu einer Zahl zu verknüpfen, daß die Zeichenreihe aus ihrer zugehörigen Zahl wieder eindeutig rekonstruierbar wird. Ein solches Verfahren wird üblicherweise *Gödelisierung*, die darstellenden Zahlen werden *Gödelnummern* genannt.[1]

Eine Möglichkeit, Wörter über dem Alphabet A ... Z in Zahlen zu kodieren, besteht beispielsweise darin, jedem Buchstaben als Symbolnummer seine Stelle im Alphabet *plus* 100 zuzuordnen, so daß A durch 101, Z durch 126 dargestellt wird. Damit läßt sich jedes Wort durch diejenige Zahl gödelisieren, die durch Hintereinanderschreiben der Ziffernfolgen der einzelnen Symbolnummern entsteht. Das

[1] Systematisch wurde die Methode der Kodierung von Zeichenreihen durch Zahlen erstmals von Kurt Gödel 1931 in dem Artikel *Über formal unentscheidbare Sätze der Principia Mathematica und verwandter Systeme* entwickelt.

Wort ZAHL hätte etwa die Gödelnummer 126 101 108 112. Da jedes Zeichen durch eine Dreiergruppe von Ziffern kodiert wird, läßt sich das zugehörige Wort eindeutig zurückgewinnen.

Eine andere Methode der Gödelisierung ist jedem Informatiker aus der täglichen Praxis bekannt: Jeder ASCII-Text wird rechnerintern durch eine Folge von 0'en und 1'en dargestellt. Diese Folge läßt sich aber auch unmittelbar als Binärdarstellung einer Zahl interpretieren.

Welche Art der Gödelisierung man bevorzugt, ist eine Frage der Zweckmäßigkeit. Berechnungstechnisch besonders günstig sind Verfahren, die nicht von einer besonderen Zahlen-*Darstellung* abhängen (wie etwa Dezimal- oder Binärsystem in den einleitenden Beispielen), sondern auf Eigenschaften der Zahlen selbst beruhen. Wir diskutieren im folgenden eine Methode, die sich die Eindeutigkeit der *Primfaktorzerlegung* zunutze macht. Dabei kommen insbesondere die im letzten Kapitel entwickelten Funktionen $pr(n)$, $\langle x_1, \ldots, x_n \rangle$, $x[i]$ und $x[i\,..\,j]$ zum Tragen.

Symbolnummern

Die numerische Darstellung von Symbolfolgen basiert auf der Festlegung einer eindeutigen *Symbolnummer* $sn(a)$ für jedes vorkommende Symbol a. Wie diese Zuordnung aussieht, ist nicht entscheidend, solange sich aus der Zahl das Symbol wieder feststellen läßt.

Wir betrachten speziell Zeichenketten, die aus den Symbolen I_i, D_i, T_i und E aufgebaut sind, und setzen

$$sn(E) := 1 \quad \text{und für } i \geq 1: \quad \begin{aligned} sn(I_i) &:= 3i, \\ sn(D_i) &:= 3i + 1, \\ sn(T_i) &:= 3i + 2. \end{aligned}$$

Die Zuordung sn ist offensichtlich injektiv. Sie ist allerdings nicht surjektiv; die Werte 0 und 2 kommen nicht vor. Dabei ist die Festlegung $sn(a) \geq 1$ für die eindeutige Kodierung tatsächlich erforderlich, während der Ausschluß der 2 nur der bequemen Kodierung und Dekodierung dient. Aus einer Symbolnummer $n \geq 3$ ergibt sich nämlich der *Typ* des Symbols (I, D, oder T) aus n mod 3, der dazugehörige Index i aus n div 3.

Gödelnummern

Zur Definition der *Gödelnummer* einer Zeichenkette $\alpha = a_1 \cdots a_n$ verwenden wir die im letzten Kapitel eingeführten Folgennummern und setzen

G1 $$\ulcorner\alpha\urcorner := \langle sn(a_1), \ldots, sn(a_n) \rangle ,$$

wobei der Ausdruck in spitzen Klammern wieder das Produkt der Primzahlpotenzen $pr(i)^{sn(a_i)}$ für $1 \leq i \leq n$ bezeichnet. Für den Sonderfall der leeren Zeichenreihe vereinbaren wir $\ulcorner\epsilon\urcorner := 1$.

Beispiel 4.1.

(i) Die Gödelnummer der Zeichenkette $\alpha = ED_2T_1$ ist $2^1 \cdot 3^7 \cdot 5^5$.
(ii) Für $P =$ **while** T_1 **do** D_1 **od**; $I_1; I_1$ ist $\ulcorner P\urcorner = 2^5 \cdot 3^4 \cdot 5^1 \cdot 7^3 \cdot 11^3$.
(iii) Die Zahl $588 = 2^2 \cdot 3^1 \cdot 7^2$ ist keine Gödelnummer: Zum einen hat sie eine Lücke in der Primfaktorfolge, zum anderen ist der Exponent 2 keine Symbolnummer.
(iv) 12 960 hat die Primfaktorzerlegung $2^5 \cdot 3^4 \cdot 5^1$ und ist somit die Gödelnummer der Zeichenreihe T_1D_1E.

Satz 4.2. *Die Funktion* $\ulcorner\alpha\urcorner$ *ist injektiv.*

Beweis. Da stets $sn(a) \geq 1$, folgt die Behauptung aus der Eindeutigkeit der Primfaktorzerlegung und der Injektivität von *sn*. □

Operationen auf Zeichenketten

Gödelnummern dienen der maschineninternen Repräsentation von Zeichenketten. Wir zeigen, wie sich *Länge*, der Umgang mit *Teilfolgen* und die *Verknüpfung* von Zeichenketten durch arithmetische Umformungen der zugehörigen Gödelnummern nachbilden lassen.

Für den Zugriff auf Folgenglieder und Teilfolgen verwenden wir die Funktionen $x[i]$ und $x[i\,..\,j]$. Für die Gödelnummer p einer Zeichenkette $\alpha = a_1 \cdots a_n$ gilt:

$$p[i] = sn(a_i) \qquad \text{für } 1 \leq i \leq n,$$
$$p[i\,..\,j] = \ulcorner a_i \cdots a_j \urcorner \qquad \text{für } 1 \leq i, j \leq n\,.$$

Die folgende Funktion dient zur Feststellung der Länge einer Folge:

G2. $lh(x)$ ist die einstellige Funktion, die berechnet wird durch das Programm

```
U := 0; I := 1;
while X[I] ≠ 0 do U := I; Inc(I) od;
RES := U.
```

Für die Gödelnummer p einer Folge $\alpha = a_1 \cdots a_n$ ist $lh(p) = n$. Die Wirkung von lh beruht auf der Tatsache, daß innerhalb einer Gödelnummer der Primzahlexponent 0 nicht vorkommt und daher der „Ende-Erkennung" dienen kann. Für die Zahl 10 (keine Gödelnummer) erhalten wir den nichtssagenden Wert $lh(10) = 1$.

Oft ist es sinnvoll, Zeichenketten als *Listen* aufzufassen. Mit den Funktionen

G3.
$$head(x) := x[1],$$
$$tail(x) := x[2\,..\,lh(x)]$$

erhalten wir aus der Gödelnummer einer Folge $\alpha = a_1 \cdots a_n$ die Symbolnummer des ersten Elements a_1 bzw. die Gödelnummer der um das erste Element verkürzten Restfolge $a_2 \cdots a_n$. Insbesondere gilt $tail(\ulcorner a_1 \urcorner) = \ulcorner \epsilon \urcorner = 1$ für eine Folge der Länge 1.

Die folgende Funktion dient zur Berechnung der Gödelnummern von *konkatenierten* Zeichenketten:

G4. Die *Konkatenationsfunktion* $x \circ y$ ist die zweistellige Funktion, die berechnet wird durch das Programm

```
W := X; I := 1;
while I ≤ lh(Y) do
  W := W · pr(lh(X) + I)^Y[I];
  Inc(I)
od;
RES := W.
```

Für die Konkatenation von Zeichenfolgen gilt offenbar:

$$\ulcorner a_1 \cdots a_n \urcorner \circ \ulcorner b_1 \cdots b_m \urcorner = \ulcorner a_1 \cdots a_n b_1 \cdots b_m \urcorner.$$

Diese Beziehung ist auch dann erfüllt, wenn eine der Folgen leer ist.

Registermaschinen-Programme

Wir führen jetzt einige Operationen ein, die sich speziell auf die Verarbeitung von RM-Programmen beziehen. Sie dienen dazu, *Syntax* und *Semantik* auf der Ebene der Gödelnummern zu simulieren. Zusätzlich zu den bereits definierten Funktionen *head* und *tail* benötigen wir:

- eine Funktion *legal*, die prüft, ob eine Zahl die Gödelnummer eines Programms ist,
- zwei Funktionen *body* und *seq*, die aus der Gödelnummer p eines Programms der Form **while** T_i **do** S **od**; Q die Gödelnummern von S und Q berechnen.

Bemerkung 4.3. Man beachte, daß Gödelnummern nur für Zeichenketten über den Grundsymbolen, nicht für Programm-*Makros* definiert sind. Es ist im allgemeinen nicht möglich, einem Makro eine eindeutige Gödelnummer zuzuordnen, ohne gleichzeitig eine konkrete Expansion festzulegen.

G5. *Die Funktion*

$$legal(x) := \begin{cases} 1, & \textit{falls es ein Programm } P \textit{ mit } x = \ulcorner P \urcorner \textit{ gibt} \\ 0, & \textit{sonst} \end{cases}$$

ist berechenbar.

Beweis. Durch das folgende Programm:

```
(1) U := X; LG := 1; Z := 0;
(2) if U = 0 then LG := 0 fi;
    while U > 1 ∧ LG = 1 do
(3)   if head(U) = 0 ∨ head(U) = 2 then LG := 0 fi;
(4)   if head(U) mod 3 = 2 then Inc(Z) fi;
(5)   if head(U) = 1 then
          if Z > 0 then Dec(Z) else LG := 0 fi fi;
      U := tail(U)
    od;
(6) if Z = 0 ∧ LG = 1 then RES := 1
                           else RES := 0 fi .
```

Durch die Festlegung des Anfangswerts LG := 1 in (1) wird zunächst angenommen, daß das Argument x tatsächlich die Gödelnummer eines RM-Programms ist. Nun werden fortlaufend die vorkommenden Primzahlexponenten daraufhin untersucht, ob es Gründe für einen Widerruf dieser Annahme gibt.

In (2) und (3) wird zunächst geprüft, ob es sich um die Gödelnummer einer *Zeichenkette* handelt: in (2) wird die Eingabe 0 abgefangen, in (3) wird untersucht, ob illegale Exponenten vorkommmen.

In (4), (5) und (6) werden die Bedingungen für ein korrekt geschachteltes *Programm* gemäß P5 (S. 11) überprüft: in (4) und (5) wird der Vorlauf der $sn(T_i)$'s gegenüber den $sn(E)$'s untersucht. In (6) wird schließlich durch die Abfrage Z = 0 kontrolliert, ob die Gesamtbilanz ausgeglichen ist. □

Für die Einbettung der Semantik von RM-Programmen in die Arithmetik benötigen wir Funktionen, die aus der Gödelnummer eines Programms die Gödelnummer der jeweils noch auszuführenden Anweisungsfolge gemäß P8, P9 und P10 in Kap. 2 berechnen.

Für P8 und P9 können wir die in G3 definierte Funktion *tail* verwenden: Falls nämlich P die Form $I_i;Q$ oder $D_i;Q$ hat, liefert $tail(\ulcorner P \urcorner)$ gerade die Gödelnummer von Q.

Zur Berechnung des Schleifenkörpers bzw. des Restprogramms nach P10 führen wir schließlich noch zwei neue Funktionen $body(x)$ und $seq(x)$ ein:

G6. $body(x)$ ist die einstellige Funktion, die durch das folgende Programm P festgelegt wird:

```
Z := 1; I := 2;
while Z > 0 ∧ I < X do
    Inc(I);
    if X[I] = 1 then Dec(Z) fi;
    if X[I] mod 3 = 2 then Inc(Z) fi;
od;
RES := X[2..I ∸ 1].
```

Die Bedingung I < X sorgt für die Terminierung in dem entarteten Fall, daß die schließende Klammer E nicht oft genug in der Eingabe vorkommt (z.B.: $x = 5$). Für Gödelnummern spielt sie keine Rolle.

G7. $seq(x)$ ist die einstellige Funktion, die durch das Programm P' berechnet wird, das aus P durch Ersetzen der Zuweisung

$$\text{RES} := \text{X}[2\,..\,\text{I} \dot{-} 1] \quad \text{durch} \quad \text{RES} := \text{X}[\text{I}+1\,..\,lh(\text{X})]$$

entsteht.

Satz 4.4. *Sei P ein Programm der Form* **while** T_i **do** S **od**; Q. *Dann gilt:*

$$body(\ulcorner P \urcorner) = \ulcorner S \urcorner \quad und \quad seq(\ulcorner P \urcorner) = \ulcorner Q \urcorner.$$

Beweis. Ähnlich wie das Programm zur Berechnung von *legal* weist das Programm P aus G6 der Variablen I diejenige Position zu, an der das zu dem einleitenden Test T_i gehörende E vorkommt. Durch die Zuweisung in der letzten Zeile wird der Schleifenkörper S herausgetrennt.

Analog berechnet die letzte Zeile des Programms P' aus G7 die Gödelnummer der Anweisungsfolge Q, die sich an die **while**-Anweisung anschließt. □

5 Universelle Programme

Im vorigen Kapitel haben wir diskutiert, wie sich die Syntax von RM-Programmen in die Arithmetik einbetten und so selbst wieder durch RM-Programme verarbeiten läßt. Wir zeigen jetzt, wie auch der *Ablauf* von Programmen durch die Registermaschine selbst gesteuert werden kann. Dazu konstruieren wir ein *universelles Interpreter-Programm*, das den Prozeß der Programmausführung auf Gödelnummerebene simuliert. Die Methode der Simulation durch universelle Programme bekräftigt die Berechnungsmächtigkeit der Registermaschine: Wir weisen beispielhaft nach, daß die Erweiterung der Sprache durch Hinzunahme von *Rekursion* oder *indirekter Adressierung* nicht zu neuen berechenbaren Funktionen führt.

5.1 Das Aufzählungstheorem

Wir beginnen mit dem sogenannten *Aufzählungstheorem*, nach dem alle berechenbaren Funktionen einer gegebenen Stelligkeit n durch Variation eines einzigen Parameters aus einer *universellen* $(n + 1)$-stelligen Funktion hervorgehen. Für das Folgende ebenso wichtig wie die Aussage des Theorems selbst ist der im Beweis entwickelte Interpreter.

Sei $n \geq 0$ fest. Für $k \geq 0$ definieren wir eine n-stellige Funktion f_k^n folgendermaßen: Falls k die Gödelnummer eines Programms P ist, ist dieses nach Satz 4.2 (S. 33) eindeutig, und wir setzen $f_k^n := f_P^n$. Falls k keine Gödelnummer eines Programms ist, setzen wir $f_k^n := bot^n$, so daß wir auch in diesem Fall eine berechenbare Funktion erhalten. Da jedes Programm P eine Gödelnummer besitzt, kommen alle berechenbaren Funktionen in der Folge der f_k^n, $k \geq 0$, vor.

Übung 5.1. Man zeige, daß jede n-stellige berechenbare Funktion sogar unendlich oft in der Folge der f_k^n, $k \geq 0$, vorkommt.

Das Aufzählungstheorem besagt nun, daß die Folge der berechenbaren Funktionen selbst wieder berechenbar ist. Genauer:

Theorem 5.2 (Aufzählungstheorem). *Für jede Stelligkeit $n \geq 0$ existiert eine universelle berechenbare $(n+1)$-stellige Funktion Φ^n, so daß für alle $k \geq 0$ und für alle $x_1, \ldots, x_n$ gilt:*

$$\Phi^n(k, x_1, \ldots, x_n) = f_k^n(x_1, \ldots, x_n).$$

Insbesondere ist $f_P^n(x_1, \ldots, x_n) = \Phi^n(\ulcorner P \urcorner, x_1, \ldots, x_n)$ für jedes Programm P. Statt Φ^n schreiben wir häufig einfach Φ, wenn die Stelligkeit n aus dem Zusammenhang hervorgeht.

Beweis. Wir konstruieren einen universellen *Interpreter U^n*, der, angesetzt auf $\ulcorner P \urcorner$ und $x_1, \ldots, x_n$, die Berechnung des Programms P für die Eingabe $x_1, \ldots, x_n$ simuliert. Der Interpreter soll divergieren, falls das erste Argument keine Gödelnummer eines Programms ist.

Wir erinnern uns daran, daß nach Definition 2.4 (S. 13) eine Berechnung aus einer *alternierenden Folge von Zuständen und Programmen* besteht, wobei in jedem Zustand nur endlich viele Register einen von 0 verschiedenen Wert enthalten. Wir speichern einen solchen Zustand $(x_1, \ldots, x_m, 0, 0, \ldots)$ als Folgennummer $\langle x_1, \ldots, x_m \rangle$ in einem Register ZU, so daß $\mathrm{ZU}[i]$ jeweils gerade den Inhalt des Registers Nr. i der simulierten Maschine angibt.

Inkrementieren wird auf der Folgennummerebene durch Multiplikation mit $pr(i)$, Dekrementieren entsprechend durch Division simuliert. Auf welches Register sich die Operationen beziehen, wird durch eine Variable I verwaltet.

Das jeweils noch *auszuführende Programm* wird durch seine *Gödelnummer* dargestellt und in einem Register PS gespeichert. Zur Bearbeitung verwenden wir die im vorigen Kapitel eingeführten Funktionen *head*, *body*, *seq*, *tail* und die Konkatenation $\circ$.

Damit können wir Teilprogramme P_{Inc}, P_{Dec} und P_{Test} formulieren, die die Wirkung der Inkrementiere-, Dekrementiere- und Test-Anweisungen gemäß P8, P9 und P10 simulieren:

$$P_{Inc} = \text{ZU} := \text{ZU} \cdot pr(\text{I});$$
$$\text{PS} := tail(\text{PS}),$$

$$P_{Dec} = \textbf{if}\ \text{ZU}[\text{I}] \neq 0\ \textbf{then}\ \text{ZU} := \text{ZU}\ \text{div}\ pr(\text{I})\ \textbf{fi};$$
$$\text{PS} := tail(\text{PS}),$$

$$P_{Test} = \textbf{if}\ \text{ZU}[\text{I}] \neq 0$$
$$\textbf{then}\ \text{PS} := body(\text{PS}) \circ \text{PS}$$
$$\textbf{else}\ \ \text{PS} := seq(\text{PS})\ \textbf{fi}.$$

Mit der Vereinbarung, daß PS das Register R_1 und ZU, ANW sowie I ansonsten nicht vorkommende Register bezeichnen, können wir daraus den gesuchten Interpreter U^n folgendermaßen aufbauen:

(1) ZU := $\langle R_2, \ldots, R_{n+1} \rangle$;
(2) **while** *legal*(PS) = 0 **do od**;
(3) **while** PS > 1 **do**
(4) ANW := *head*(PS) mod 3;
(5) I := *head*(PS) div 3;
(6) **case** ANW **of** 0: P_{Inc}; 1: P_{Dec}; 2: P_{Test} **esac**
od;
(7) R_1 := ZU[1].

In (1) wird die Eingabe $x_1, \ldots, x_n$ des simulierten Programms in das Register ZU kodiert. (Dies ist im übrigen die einzige Anweisung, in die die Stelligkeit n eingeht.)

Zeile (2) sorgt lediglich dafür, daß Eingaben k abgefangen werden, die keine Gödelnummern von Programmen sind, so daß U^n in diesen Fällen wie gefordert divergiert.

In der folgenden Interpreterschleife (3) haben wir es daher nur mit syntaktisch korrekten Programmen zu tun. In (4) und (5) werden Typ und Registerindex der nächsten Anweisung ermittelt, so daß in (6) das richtige Simulationsprogramm ausgeführt wird. Die Interpreter-Schleife wird verlassen, sobald PS den Wert $1 = \ulcorner \epsilon \urcorner$ enthält, also keine Anweisung mehr auszuführen ist.

Schließlich wird in (7) durch Dekodierung des Zustandsvektors das Resultat der Simulation dem *echten* Resultatregister zugewiesen.

Aus dem universellen Interpreter U^n erhalten wir dann auch sofort die gesuchte Funktion Φ^n, indem wir definieren:

$$\Phi^n := f_{U^n}^{n+1}.$$

Man beachte, daß Zeile (2) in U^n dafür sorgt, daß, wie gefordert, $\Phi^n(k, x_1, \ldots, x_n) = \bot$, wenn das Argument k nicht die Gödelnummer eines Programms ist. □

Beispiel 5.3. Wir illustrieren die Wirkungsweise des Interpreters für das Additionsprogramm $P =$ **while** T_2 **do** $I_1; D_2$ **od** und den Eingabevektor $v_0 = (1, 1, 0, 0, \ldots)$:

Die Gödelnummer von P ist $p = 2^8 \cdot 3^3 \cdot 5^7 \cdot 7^1$. Die Auswertung von $head(p)$ ergibt ANW $= 2$ und I $= 2$. Daher wird in der **case**-Anweisung das Teilprogramm P_{Test} ausgeführt. Da ZU $= \langle 1, 1 \rangle$, also ZU$[\mathrm{I}] = 1$, wird durch P_{Test} der Wert von PS zu $2^3 \cdot 3^7 \cdot 5^8 \cdot 7^3 \cdot 11^7 \cdot 13^1$ verändert. Beim nächsten Durchlauf der Interpreterschleife wird das Teilprogramm P_{Inc} ausgeführt, so daß der Wert von ZU zu $\langle 2, 1 \rangle$ und der von PS zu $2^7 \cdot 3^8 \cdot 5^3 \cdot 7^7 \cdot 11^1$ verändert wird.

Wir überlassen die restliche Berechnung dem Leser und bemerken nur noch, daß die Interpreterschleife mit dem Resultat ZU $= \langle 2 \rangle$ verlassen wird. Die abschließende Dekodierung ergibt dann $\mathrm{R}_1 = 2$.

5.2 Rekursion

Die Fakultät $x!$ wird üblicherweise durch das Rekursionsschema

$$0! = 1$$
$$(x+1)! = (x+1) \cdot x!$$

eingeführt. Viele moderne Programmiersprachen unterstützen diese Art der rekursiven Denkweise dadurch, daß sich Programme selbst wieder aufrufen dürfen. In der RM-Sprache steht diese Technik nicht zur Verfügung. Wir zeigen, daß Rekursion unter dem Aspekt der Berechnungsmächtigkeit tatsächlich auch nicht erforderlich ist.[1] Zum Beweis verwenden wir das im letzten Abschnitt bewiesene Aufzählungstheorem.

[1] In Kap. 8 führen wir ein Berechnungsmodell ein, dessen Leistungsfähigkeit umgekehrt gerade aus der Rekursion hervorgeht.

Rekursive Programme

Um die technische Darstellung nicht zu überladen, beschränken wir uns auf die Betrachtung von rekursiven Programmen zur Berechnung von *ein*stelligen Funktionen. Außerdem gehen wir nicht ganz so formal vor wie bisher, sondern überlassen es dem Leser, die Argumentation bis zum gewünschten Präzisierungsgrad selbst zu vervollständigen.

Die *Syntax* von *rekursiven Programmen R* wird wie in Definition 2.2 (S. 10) induktiv aufgebaut, nur mit der Ergänzung zu P1, daß *R* in der Formulierung von *R* selbst wieder als Elementar-Programm vorkommen darf.[2]

Die *Semantik* wird entsprechend durch Erweiterung von Definition 2.4 festgelegt, wobei wir vereinbaren, daß jeder Aufruf von *R* das Register R_1 als Ein- und Ausgabe-Register benutzt. R_1 dient also insbesondere auch zur Parameterübergabe zwischen den Rekursionsebenen. Statt R_1 schreiben wir einfach X. Alle anderen Register, die für einen Aufruf von *R* verwendet werden, sind für jede Rekursionsebene neu, können also auch nur auf dieser Ebene angesprochen werden.

Die *von einem rekursiven Programm R berechnete Funktion* bezeichnen wir wieder mit f_R, wobei wir auf den Stelligkeits-Index verzichten können, da wir es ohnehin nur mit einstelligen Funktionen zu tun haben.

Beispiel 5.4. Sei *FAK* das Programm

(1) **if** X = 0 **then** X := 1
(2) **else** Z := X;
(3) *Dec*(X);
(4) *FAK*;
(5) X := X · Z **fi**.

Es läßt sich unschwer erkennen, daß $f_{FAK}(x)$ die Fakultät $x!$ berechnet.

---

[2] Strenggenommen müßten wir zwischen dem Programm *R* und dem Bezeichner für *R* unterscheiden. Diese Art von Subtilität führt aber meistens nur zu unnötigen Verwirrungen.

Simulation durch RM-Programme

Wir zeigen jetzt, daß die Berechnungsmächtigkeit der Registermaschine durch Hinzunahme der Rekursion nicht vergrößert wird:

Satz 5.5. *Zu jedem rekursiven Programm R existiert ein nicht-rekursives Programm P mit $f_R = f_P$.*

Beweis. Der Beweis basiert auf der Feststellung, daß jede terminierende Berechnung mit einer endlichen Rekursionstiefe auskommt und daher durch ein rekursionsfreies Programm simuliert werden kann. Die einzige, aber entscheidende Schwierigkeit ist, daß die Rekursionstiefe im allgemeinen nicht uniform für alle Eingabewerte begrenzt ist.

Die Lösungsidee besteht nun darin, durch eine Folge von Programmen fortlaufend größere Rekursionstiefen zu simulieren, bis eine ausreichende gefunden ist. Mit der universellen Funktion Φ aus dem Aufzählungstheorem lassen sich dann alle diese Programme in einem einheitlichen nicht-rekursiven Programm zusammenfassen.

Wir konstruieren zunächst für jede Rekursionstiefe n ein rekursionsfreies Programm R_n, das für alle Eingabewerte von R, für deren Bearbeitung die Rekursionstiefe n ausreicht, dasselbe Ergebnis liefert wie R. Falls die Rekursionstiefe *nicht* ausreicht, wird dies in einer Variablen OVER vermerkt und der Ablauf von R_n abgebrochen. Ob R_n erfolgreich war, wird in einem umgebenden Programm Q_n festgestellt (zur Illustration s. Beispiel 5.6 und 5.7 weiter unten):

Jedes $R_n, n \geq 0$, entsteht induktiv aus R durch Ersetzen von

(a) jedem Vorkommen von R durch

die Zuweisung	OVER := 1,	falls $n = 0$
das Programm	R_{n-1},	sonst,

(b) jedem lokalen Register Z (d.h. alle außer X) durch ein neues Register Z_n und

(c) jeder noch nicht in R_{n-1} behandelten Schleifenbedingung τ durch

$$\tau \wedge \text{OVER} = 0\,,$$

wobei wir uns auf „eigentliche" **while**-Schleifen beschränken, also bedingte Anweisungen der Form M5, M6 und M7, die formal ebenfalls **while**-Schleifen enthalten, unverändert lassen.

Die Zuweisung OVER := 1 sorgt in Verbindung mit (c) dafür, daß R_n nach endlich vielen Schritten terminiert, wenn in der Simulation von R durch R_n die Rekursionstiefe nicht ausreicht.

Die $Q_n, n \geq 0$, können nun folgendermaßen definiert werden:

(0) OVER := 0;
R_n;
(ω) **if** OVER = 1 **then** X := 0
else Inc(X) **fi**.

Durch die Zuweisung X := 0 in (ω) wird ein Abbruch von R_n wegen Rekursionstiefenüberschreitung als „Sonderwert" 0 im Ausgaberegister vermerkt. Das Resultat eines ordnungsgemäßen Ablaufs wird um 1 nach oben verschoben, um eine mögliche Verwechslung zwischen 0 als Resultat und 0 als Symbol des Abbruchs zu vermeiden.

Die folgende Beziehung zwischen f_R und den durch die Q_n berechneten Funktionen f_{Q_n} ist zentral:

Behauptung [$*$].

(1) Falls $f_R(x) \neq \bot$, gilt

(a) für alle n entweder $f_{Q_n}(x) = 0$ oder $f_{Q_n}(x) = f_R(x) + 1$, *und*

(b) es existiert ein n, so daß $f_{Q_n}(x) > 0$.

(2) Falls $f_R(x) = \bot$, gilt immer $f_{Q_n}(x) = \bot$ oder $f_{Q_n}(x) = 0$.

Beweis von [$*$]. Die Behauptung (1a) gilt, da mit R auch jedes R_n, also auch jedes Q_n terminiert, (b) ergibt sich aus der Tatsache, daß R nach Voraussetzung mit einer endlichen Rekursionstiefe n auskommt, und deshalb dann auch das zugehörige R_n ordnungsgemäß terminiert. (2) gilt, da, falls R divergiert, die R_n entweder überhaupt nicht oder aber nur wegen Überschreitung der Rekursionstiefe terminieren. Dann aber hat Q_n das Resultat 0. Damit ist [$*$] bewiesen.

Aus [$*$] folgt, daß es zur Berechnung von $f_R(x)$ reicht, fortlaufend alle $n \geq 0$ zu prüfen, bis $f_{Q_n}(x) > 0$, denn durch (1) und (2) ist gewährleistet, daß dieser Prozeß genau dann abbricht, wenn $f_R(x)$ definiert ist, und für ein solches n gilt dann nach (1a):

(3) $$f_R(x) = f_{Q_n}(x) \dot{-} 1\,.$$

Es bleibt also nur noch zu zeigen, daß die $f_{Q_n}(x)$, $n \geq 0$, durch ein gemeinsames RM-Programm berechnet werden. Dazu führen wir die folgende Hilfsfunktion h ein, die zur Ermittlung der Gödelnummern der Q_n dient:

$$h(p) := \begin{cases} \ulcorner Q_0 \urcorner, & \text{falls } p = 0 \\ \ulcorner Q_{n+1} \urcorner, & \text{falls } p = \ulcorner Q_n \urcorner \\ \bot, & \text{sonst}. \end{cases}$$

Inhaltlich beschreibt h die Entwicklung der Q_n auseinander, also eine Zeichenkettenumformung nach festen Regeln. Daß die Simulation einer solchen Konstruktion auf der Ebene der Gödelnummern durch ein RM-Programm möglich ist, sollte nach der Diskussion im letzten Kapitel klar sein; wir können also davon ausgehen, daß h berechenbar ist.

Damit ist auch die Iterationsfunktion $g(n) := h^n(0)$ berechenbar, und es gilt:

(4) $$g(n) = \ulcorner Q_n \urcorner \quad \text{für alle } n \geq 0.$$

Einsetzen von (4) in die universelle Funktion Φ aus dem Aufzählungstheorem ergibt:

(5) $$f_{Q_n}(x) = \Phi(g(n), x) \quad \text{für alle } n \geq 0.$$

Mit (5) erhalten wir schließlich das gesuchte Programm P wie folgt:

```
N := 0;
while Φ(g(N), X) = 0 do Inc(N) od;
RES := Φ(g(N), X) ∸ 1.
```

Damit gilt nun tatsächlich $f_R = f_P$ (der Term „$\dot{-}$ 1" in der Resultatzuweisung macht die oben erläuterte Verschiebung des Funktionswerts durch die Q_n rückgängig). □

Beispiel 5.6. Wir illustrieren die Konstruktion von Q_1 im Beweis von Satz 5.5 für das Programm $R = FAK$. Die unteren Indizes der Zeilennummern von R_0 und R_1 machen die Zeilen kenntlich, die nach Konstruktionsvorschrift verändert wurden. Der Leser möge das unterschiedliche Verhalten von Q_1 für die beiden Eingaben 1 und 2 verfolgen.

R_1 = lines (1) to (5_1); R_0 = inner lines (1) to (5_0):

(0) OVER := 0;
(1) **if** X = 0 **then** X := 1
(2_1) **else** Z_1 := X;
(3) *Dec*(X);
  (1) **if** X = 0 **then** X := 1
  (2_0) **else** Z_0 := X;
  (3) *Dec*(X);
  (4_0) OVER := 1;
  (5_0) X := X · Z_0 **fi**;
(5_1) X := X · Z_1 **fi**;
(ω) **if** OVER = 1 **then** X := 0
else *Inc*(X) **fi**.

Das folgende Beispiel illustriert die Notwendigkeit der Bedingung OVER = 0 in der Definition der R_n:

Beispiel 5.7. Sei R das Programm in Abb. 5.1 links. Das aus R gewonnene nicht-rekursive Programm R_0 ist rechts dargestellt.

if X > 0 **then**	**if** X > 0 **then**
Dec(X);	*Dec*(X);
R;	OVER := 1;
while X > 0 **do od**	**while** X > 0 ∧ OVER = 0 **do od**
fi,	**fi**.

Abb. 5.1. Programme R (links) und R_0 (rechts).

Beide Programme terminieren für jeden Anfangswert x von X. In R_0 ist das aber für $x > 1$ ausschließlich dem zusätzlichen Test OVER = 0 zu verdanken.

5.3 Indirekte Adressierung

In unserer Registermaschinen-Sprache beziehen sich Anweisungen auf fest vorgegebene Register. Bei der *indirekten Adressierung* ergibt sich dagegen das zu betrachtende Register selbst wieder aus dem Inhalt eines weiteren Registers. Wir zeigen in diesem Abschnitt, daß die Berechnungsmächtigkeit durch eine solche Erweiterung jedoch nicht vergrößert wird.

Syntax und Semantik

Wir *erweitern* die in Definition 2.2 (S. 10) eingeführte RM-Sprache durch Hinzunahme von *Bezeichnern* I_i^{ind}, D_i^{ind} und T_i^{ind}, $i \geq 1$. Die I_i^{ind} und D_i^{ind} stellen zusätzliche Elementar-Programme dar, und die Konstruktionsregel P3 wird durch die Vereinbarung ergänzt, daß mit S auch alle Zeichenketten $T_i^{ind} S E$ Programme sind.

Wir ergänzen die *Semantik* durch die Vereinbarung, daß die Anweisungen I_i^{ind}, D_i^{ind} und T_i^{ind} sich jeweils auf das Register beziehen sollen, dessen Index aus dem gegenwärtigen Inhalt von R_i hervorgeht. Falls $R_i = 0$, sollen sie ohne Wirkung bleiben.

Formal erweitern wir dazu Definition 2.4 um die folgenden Gegenstücke zu P8, P9 und P10:

P11. Falls P_n die Form $I_i^{ind};Q$ hat, dann ist

$$v_n(j) = \begin{cases} v_{n-1}(j) + 1, & \text{falls } v_{n-1}(i) = j \\ & \text{und } j \neq 0 \\ v_{n-1}(j), & \text{sonst} \end{cases} \qquad \text{und} \qquad P_{n+1} = Q.$$

P12. Falls P_n die Form $D_i^{ind};Q$ hat, dann ist

$$v_n(j) = \begin{cases} v_{n-1}(j) - 1, & \text{falls } v_{n-1}(i) = j, \ j \neq 0 \\ & \text{und } v_{n-1}(j) \neq 0 \\ v_{n-1}(j), & \text{sonst} \end{cases} \qquad \text{und} \qquad P_{n+1} = Q.$$

P13. Falls P_n die Form **while** T_i^{ind} **do** S **od**; Q hat, dann ist

$$v_n = v_{n-1} \quad \text{und} \quad P_{n+1} = \begin{cases} S;P_n, & \text{falls } v_{n-1}(i) = j, \ j \neq 0 \\ & \text{und } v_{n-1}(j) \neq 0 \\ Q, & \text{sonst.} \end{cases}$$

Definition 5.8. Die *von einem Programm P mit indirekter Adressierung berechnete n-stellige Funktion, n* ≥ 0, wird wieder mit f_P^n bezeichnet. Für die formale Definition kann der Wortlaut aus Definition 2.8 (S. 15) übernommen werden.

Beispiel 5.9. Wir betrachten das Programm

$$P = I_1; \textbf{while } T_1 \textbf{ do } I_1; I_1^{ind} \textbf{ od}.$$

Angesetzt auf den Anfangszustand $v_0 = (0, 0, 0, \ldots)$, divergiert P und erzeugt dabei nach $k \geq 1$ Schleifendurchläufen den Zustand $v = (k+1, \underbrace{1, \ldots, 1}_{k\text{-mal}}, 0, 0, \ldots)$, beschreibt also letztlich jedes Register.

Ein solcher Effekt kann mit einem herkömmlichen RM-Programm natürlich nicht erzielt werden.[3]

Simulation durch RM-Programme

Satz 5.10. *Für jede durch ein Programm mit indirekter Adressierung* P^{ind} *berechnete Funktion* $f^n_{P^{ind}}$ *existiert ein echtes RM-Programm* P, *so daß* $f^n_{P^{ind}} = f^n_P$.

Beweis. Wir konstruieren ein RM-Programm P, das die Ausführung von P^{ind} für Eingabetupel der Länge n simuliert. Dabei gehen wir wie beim Entwurf des universellen Interpreters im Aufzählungstheorem vor:

Wir beginnen mit der Gödelisierung der erweiterten Sprache. Dazu müssen wir wieder Symbolnummern für alle vorkommenden Symbole festlegen. Wir setzen $sn(E) := 1$ und definieren für $i \geq 1$ neu:

$$\begin{array}{lll} \mathrm{sn}(I_i) := 6i, & \mathrm{sn}(D_i) := 6i+1, & \mathrm{sn}(T_i) := 6i+2, \\ \mathrm{sn}(I_i^{ind}) := 6i+3, & \mathrm{sn}(D_i^{ind}) := 6i+4, & \mathrm{sn}(T_i^{ind}) := 6i+5. \end{array}$$

Mit den Symbolnummern können wir analog zu G1 (S. 33) wieder Gödelnummern für Zeichen*folgen* einführen. Die Gödelnummer einer Folge α bezeichnen wir wieder mit $\ulcorner\alpha\urcorner$.

Für die Konstruktion des Simulationsprogramms benötigen wir zusätzlich zu den bereits aus dem universellen Interpreter bekannten Programmen P_{Inc}, P_{Dec} und P_{Test} noch entsprechende Programme, die die Wirkung der Anweisungen I_i^{ind}, D_i^{ind} und T_i^{ind} auf den kodierten Zustandsvektor simulieren. Dies wird geleistet durch

---

[3] An dem Beispiel kann man auch eine Schwierigkeit bei der Verwendung von Programm-Makros in Verbindung mit indirekter Adressierung erkennen: Im Unterschied zu herkömmlichen RM-Programmen kann offenbar nicht mehr ohne weiteres angenommen werden, daß stets genügend viele unbenutzte Hilfsregister zur Verfügung stehen.

```
P^ind_Inc = I := ZU[I];
            if I ≠ 0 then ZU := ZU · pr(I) fi;
            PS := tail(PS) ,

P^ind_Dec = I := ZU[I];
            if ZU[I] ≠ 0 ∧ I ≠ 0 then ZU := ZU div pr(I) fi;
            PS := tail(PS) ,

P^ind_Test = I := ZU[I];
            if ZU[I] ≠ 0 ∧ I ≠ 0
              then PS := body(PS) ∘ PS
              else PS := seq(PS) fi .
```

Durch die Zuweisung I := ZU[I] wird der Index des zu bearbeitenden Registers ermittelt. Die Bedingung $I \neq 0$ verhindert, daß auf das nicht-vorhandene Register Nr. 0 zugegriffen wird.

Damit können wir dann das gesuchte Programm P zusammensetzen: Wie der universelle Interpreter im Aufzählungstheorem besteht es im wesentlichen aus einer Schleife, die fortlaufend die einzelnen Anweisungen von P^{ind}, basierend auf der in PS gespeicherten Gödelnummer, ausführt (nur mit dem Unterschied, daß jetzt 6 statt 3 verschiedene Anweisungstypen zu berücksichtigen sind).

Die Gödelnummer $\ulcorner P^{ind} \urcorner$ geht nicht als *Variable*, sondern in der Zuweisung PS := $\ulcorner P^{ind} \urcorner$ als *fester Bestandteil* in das Programm ein. (Daher entfällt auch die Überprüfung, ob es sich tatsächlich um eine legale Gödelnummer handelt.) Die Register $R_1, \ldots, R_n$ enthalten die Eingabewerte.

Das vollständige Programm P lautet dann wie folgt:

```
ZU := ⟨R1, . . . , Rn⟩;
PS := ⌜P^ind⌝;
while PS > 1 do
  ANW := head(PS) mod 6;
  I := head(PS) div 6;
  case ANW of
    0: P_Inc; 1: P_Dec; 2: P_Test;
    3: P^ind_Inc; 4: P^ind_Dec; 5: P^ind_Test
  esac
od;
R1 := ZU[1] .
```

Der detaillierte Nachweis, daß P das Gewünschte leistet, ist analog zum Aufzählungstheorem und wird dem Leser überlassen. □

Abschließende Bemerkungen

Die Methode, Spracherweiterungen durch einen in der Registermaschinen-Sprache geschriebenen Interpreter zu simulieren, erweist sich auch in anderen Zusammenhängen als nützlich. Sie kann beispielsweise angewendet werden, um zu zeigen, daß die Berechnungsmächtigkeit der Registermaschine durch Hinzunahme von *Sprungbefehlen* nicht vergrößert wird. Wir verfolgen dies hier nicht weiter. In Kap. 9 werden wir aber mit der *Turing-Maschine* ein Berechnungsmodell kennenlernen, dessen Kontrollstruktur sogar nur aus Sprungbefehlen besteht. Wir zeigen dann, daß die Turing-Maschine zu derselben Berechnungsmächtigkeit wie die Registermaschine führt.

6 Beschränkte und unbeschränkte Schleifen

In vielen Fällen können **while**-Schleifen durch *beschränkte* Schleifen ersetzt werden, bei denen die Anzahl der Wiederholungen bereits zu dem Zeitpunkt festliegt, wenn die Schleife betreten wird. In diesem Kapitel zeigen wir, daß mit Ausnahme der überall undefinierten Funktion alle bisher betrachteten Funktionen von dieser Art sind. Wir zeigen dann, daß es auch *totale* berechenbare Funktionen gibt, die *nicht* durch beschränkte Schleifen berechenbar sind. Es stellt sich aber heraus, daß in jedem Fall bereits *eine* unbeschränkte Schleife ausreicht.

Die For-Schleife

Als Grundform der beschränkten Schleife führen wir die folgende **for**-*Schleife* ein, bei der die Zahl der Durchläufe durch den vorgegebenen Wert einer Zählvariablen festgelegt ist:

Das Register X komme in der Anweisungsfolge S nicht vor. Dann schreiben wir

M8. **for** X **do** S **od** für **while** X > 0 **do** S; Dec(X) **od** .

Zur Unterscheidung nennen wir eine **while**-Schleife, die nicht die Form einer **for**-Schleife hat, *unbeschränkt*. Programme, in denen alle Schleifen **for**-Schleifen sind, bezeichnen wir als **for**-*Programme*.

Aus der Grundform M8 lassen sich leicht weitere Varianten von beschränkten Schleifen gewinnen. Dies wird im folgenden nicht benötigt, wir illustrieren die Methode aber an einem Beispiel:

Beispiel 6.1. Wir formulieren eine **for**-Schleife mit einer Bedeutung wie in PASCAL oder MODULA. Dazu setzen wir voraus, daß die Variablen N und I durch die Anweisungsfolge *S nicht verändert* werden, d.h., sie haben nach Ablauf von *S* denselben Wert wie vorher. Die Variable X komme in *S* nicht vor. Dann definieren wir die Schleife

M9. **for** I := 1 **to** N **do** *S* **od** durch X := N; I := 0;
for X **do** *Inc*(I); *S* **od**.

6.1 For-berechenbare Funktionen

Eine Funktion, die durch ein **for**-Programm berechnet wird, heißt **for**-*berechenbar*.

Da jede **for**-Schleife nach einer definiten Anzahl von Durchläufen terminiert, gilt:

Satz 6.2. *Jede* **for**-*berechenbare Funktion ist total.*

Wir zeigen, daß für alle bisher betrachteten totalen Funktionen auch die Umkehrung gilt. Genauer zeigen wir den

Satz 6.3. *Alle Aussagen in* R1 *bis* R15 *und* M1 *bis* M7 *in Kap. 2 und 3 bleiben gültig, wenn „berechenbar“ durch „***for***-berechenbar“ ersetzt wird. Ebenso sind alle in* G2 *bis* G7 *in Kap. 4 eingeführten Funktionen* **for**-*berechenbar.*

Beweis. Wir gehen die einzelnen Definitionen und Konstruktionen durch. Die Programme zur Berechnung der *Konstantenfunktionen* R1, der *Projektionen* R2, der *Addition* R3 sowie die Expansionen der *Zuweisungs-Makros* M1 und M2 sind sofort als **for**-Programme ersichtlich. Daher stellt auch das *Translations-Makro* M3 ein **for**-Programm dar, wenn die darin eingehende Funktion *f* **for**-berechenbar ist. Damit folgt unmittelbar die **for**-Berechenbarkeit des *Produkts* R4, der *Einsetzung* R5 und der *modifizierten Differenz* R6. Die *Test-Makros* M4 basieren auf Produkt und Differenz und sind daher durch **for**-Programme realisierbar, wenn die in die atomaren Tests eingehenden Funktionen **for**-berechenbar sind. Daraus erhält man sofort auch die Behauptung für die *Auswahl-Makros* M5, M6 und M7 und daher auch für die Definition durch *Fallunterscheidung* R7.

Der erste Fall, wo die **for**-Berechenbarkeit nicht sofort auf der Hand liegt, ist die *Division* R8. Hier verwenden wir einen Hilfssatz, der auch in anderen Fällen weiterhelfen wird:

Behauptung [∗]. In einem Programm P kann eine unbeschränkte Schleife

(1) **while** τ **do** S **od**

gleichwertig ersetzt werden durch

(2) V := θ; **for** V **do if** τ **then** S **fi od**,

wenn θ ein arithmetischer Ausdruck ist, der jeweils eine obere Schranke für die Anzahl der Wiederholungen von (1) berechnet. Falls S ein **for**-Programm ist und alle in θ und τ vorkommenden Funktionen **for**-berechenbar sind, dann ist auch (2) ein **for**-Programm.

Beweis von [∗]. Für die erste Aussage ist nur zu beachten, daß die **for**-Schleife ohne weitere Wirkung durchlaufen wird, sobald die Bedingung τ nicht mehr erfüllt ist. Die zweite Aussage folgt aus der **for**-Berechenbarkeit des Translations-Makros M3 und der Test-Makros M4. Damit ist [∗] bewiesen.

Wir kehren zur Division zurück. Bei dem Programm in R8 wird die Variable U bei jedem Durchlauf der Schleife um den Wert von Y reduziert, der stets größer als 0 ist. Die **for**-Berechenbarkeit der Division folgt daher aus [∗], wenn dort speziell die Schranke θ = U eingesetzt wird.

Für den *Divisionsrest* folgt die Behauptung dann aus der **for**-Berechenbarkeit der Division.

Die *Potenz* R9 und die *Fakultät* R10 sind problemlos, ebenso die *Iteration* R11.

Bei der *Primzahlfunktion* R12 sind drei **while**-Schleifen zu betrachten. Die innerste (3) wird höchstens W-mal wiederholt, die äußerste (1) genau N-mal. Mit den Schranken θ = W bzw. θ = N sind daher die Voraussetzungen für die Anwendung von [∗] erfüllt.

Die mittlere Schleife (2) terminiert, sobald oberhalb von W eine neue Primzahl gefunden ist. Eine Abschätzung für die Zahl der Schleifendurchläufe erhalten wir aus

Lemma 6.4. *Für jede Zahl p existiert eine Primzahl q, für die gilt:* $p < q \leq p! + 1$.

Beweis von Lemma 6.4. Die Zahl $p!$ ist trivialerweise durch alle Zahlen $\leq p$ teilbar. Daher kann $p! + 1$ durch keine von ihnen teilbar sein.

Also ist $p! + 1$ selbst eine Primzahl oder zumindest nur durch Zahlen $> p$ teilbar, unter denen dann eine Primzahl vorkommen muß. Damit ist das Lemma bewiesen.

Wir kehren zurück zur Primzahlfunktion R12. Nach Lemma 6.4 ist dann $\theta = \mathrm{W}! + 1$ eine geeignete **for**-berechenbare Schranke für die Anwendung von [∗] auf die Schleife (2). (Die **for**-Berechenbarkeit von θ folgt aus der **for**-Berechenbarkeit der Fakultät und der Addition.)

Aus der **for**-Berechenbarkeit der Primzahlfunktion folgt dann sofort auch die Behauptung für die *Folgennummern* R13.

Bei der *Komponentenfunktion* R14 und der *Teilfolgenfunktion* R15 sind wir wieder auf [∗] angewiesen. Für $x[i]$ kann mit gutem Sicherheitsabstand $\theta = \mathrm{X}$ selbst als obere Schranke verwendet werden, für $x[i\,..\,j]$ ist sicherlich $\theta = \mathrm{J}$ ausreichend.

Wir kommen zu den Gödelisierungsfunktionen:

Für die *Längenfunktion* $lh(x)$ in G2 ist offenbar $\theta = \mathrm{X}$ eine ausreichende Schranke für [∗].

Für die Funktion $head(p)$ in G3 folgt die Behauptung aus der bereits nachgewiesenen **for**-Berechenbarkeit der Komponentenfunktion $p[i]$, für $tail(p)$ folgt sie nach G2 und R15.

Für die *Konkatenation* in G4 erhalten wir mit $\theta = lh(\mathrm{Y})$ eine **for**-berechenbare obere Schranke für [∗].

Bei dem Programm zur Berechnung von $legal(x)$ auf S. 35 verkürzt sich das Restargument jeweils um die größte vorkommende Primzahl, die Schleife (3) terminiert also sicherlich nach maximal $\theta = \mathrm{X}$ Wiederholungen.

Für $body(x)$ und $seq(x)$ in G6 bzw. G7 ist $\theta = \mathrm{X}$ ebenfalls wieder eine ausreichende obere Schranke für die Anwendung von [∗]. □

6.2 Nicht-for-berechenbare Funktionen

Satz 6.3 legt die Frage nahe, ob nicht *alle* berechenbaren Funktionen **for**-berechenbar sind. Wegen Satz 6.2 ist das aber bereits aus einem ganz unspektakulären Grund nicht möglich: Es lassen sich mit **for**-Schleifen nur *totale* Funktionen berechnen, also nicht einmal die *bot*-Funktion.

Bei vielen partiellen Funktionen könnte man sich nun weiterhelfen, indem man – wie bei der Division – Definitionslücken durch den

Sonderwert 0 beseitigt (und die eigentlichen Funktionswerte eventuell um 1 nach oben verschiebt, um Verwechslungen mit den Sonderwerten zu vermeiden). Mit diesem Verfahren würde die *bot*-Funktion dann trivialerweise **for**-berechenbar.

Leider ist das nicht die ganze Wahrheit: Es existieren nämlich auch *totale* berechenbare Funktionen, die nicht **for**-berechenbar sind. Wir werden zwei Beispiele kennenlernen.

Die Aufzählung der for-berechenbaren Funktionen

Mit der im Aufzählungstheorem 5.2 (S. 40) entwickelten Methode der universellen Interpreter kann man sicherlich auch eine berechenbare Funktion $\Psi(i, x)$ definieren, die eine Aufzählung $g_0, g_1, g_2, \ldots$ aller einstelligen **for**-berechenbaren Funktionen erzeugt, d.h., es gibt dann für jede solche Funktion g einen Index i, so daß für alle x gilt:

$$g(x) = g_i(x) = \Psi(i, x) .$$

Ψ ist total, da nach Satz 6.2 alle $g_i(x)$ definiert sind. Ψ ist jedoch nicht **for**-berechenbar: Falls doch, wäre nämlich auch die Funktion $g(x) := \Psi(x, x) + 1$ **for**-berechenbar. Also wäre g eine der Funktionen g_i. Speziell für dieses i hätten wir dann aber den Widerspruch

$$g_i(i) = g(i) = \Psi(i, i) + 1 = g_i(i) + 1 .$$

Die Details seien dem Leser überlassen.

Übung 6.5. Warum kann nicht mit einem analogen Widerspruchsargument die RM-Berechenbarkeit der Funktion Ψ aus dem Aufzählungstheorem widerlegt werden?

Die Ackermann-Funktion

Der Grundgedanke bei der Ackermann-Funktion ist, daß schnell wachsende Funktionen durch *Verschachtelung* von Schleifen erzeugt werden. Wenn wir die Schachtelungs*tiefe* selbst als zusätzliches Argument nehmen, können wir eine Funktion erzeugen, die jeder **for**-berechenbaren Funktion vorauseilt.

Zur Erläuterung sehen wir uns an, wie *Summe*, *Produkt* und *Potenz* auseinander hervorgehen.

Die drei Funktionen werden berechnet durch die nachfolgenden Programme P_1, P_2 bzw. P_3:

P_1 = RES := X; **for** Y **do** *Inc*(RES) **od**,
P_2 = RES := 0; **for** Y **do** RES := X + RES **od**,
P_3 = RES := 1; **for** Y **do** RES := X · RES **od**.

Wenn wir $f_1(x, y)$ für $x + y$, $f_2(x, y)$ für $x \cdot y$ und $f_3(x, y)$ für x^y schreiben und noch $f_0(x, y) := y + 1$ vereinbaren, erkennt man, daß allen drei Programmen eine gemeinsame induktive Struktur zugrunde liegt: Jedes besteht nämlich aus einer Anfangswert-Zuweisung und einer Schleife der Form

for Y **do** RES := f_{i-1}(X, RES) **od**.

Die Wirkung dieser Schleife läßt sich für $y > 0$ gleichwertig beschreiben durch die *Rekursionsgleichung*

$$f_i(x, y) = f_{i-1}(x, f_i(x, y - 1)).$$

Indem wir den Index i als *Funktionsargument* interpretieren, erhalten wir hieraus eine Funktionalgleichung der Form

$$f(i, x, y) = f(i - 1, x, f(i, x, y - 1)).$$

Man beachte, daß das zweite Argument stets in unveränderter Form eingeht. Wenn wir es weglassen und statt i wieder x schreiben, erhalten wir durch Hinzunahme von geeigneten Anfangswerten das folgende Rekursionsschema, durch das die *Ackermann-Funktion* $A(x, y)$ definiert wird:

(1) $$A(0, y) = y + 1$$
(2) $$A(x + 1, 0) = A(x, 1)$$
(3) $$A(x + 1, y + 1) = A(x, A(x + 1, y)).$$

Der Rest dieses Abschnitts befaßt sich mit dem Nachweis, daß die so definierte Ackermann-Funktion tatsächlich *total* und *RM-berechenbar*, aber *nicht* **for**-*berechenbar* ist. Dabei sind die beiden erstgenannten Behauptungen vergleichsweise einfach zu beweisen, während die Nicht-**for**-Berechenbarkeit einigen technischen Aufwand erfordert.

Satz 6.6. *Die Ackermann-Funktion ist total.*

Beweis. Wir zeigen durch *Induktion über* x, daß die Behauptung $A(x, y) \neq \perp$ für alle y gilt. Für $x = 0$ folgt dies sofort aus (1). Wir nehmen an, daß die Behauptung für ein x und alle y gilt, und zeigen durch *Induktion über* y, daß sie dann auch für $x + 1$ und alle y gilt: Für $y = 0$ folgt dies nach (2) und der Induktionsvoraussetzung über x. Wir nehmen jetzt an, daß die Behauptung für $x + 1$ und ein y gilt, und zeigen, daß sie für $x + 1$ und $y + 1$ gilt:

Nach Induktionsannahme über y haben wir $A(x + 1, y) \neq \perp$. Daraus folgt nach Induktionsvoraussetzung über x, wenn wir für y den speziellen Wert $A(x + 1, y)$ einsetzen, daß $A(x, A(x + 1, y)) \neq \perp$. Mit (3) folgt hieraus die Induktionsbehauptung für $y + 1$. □

Satz 6.7. *Die Ackermann-Funktion ist RM-berechenbar.*

Beweis. Bei der Auswertung von $A(x, y)$ wird jeweils nur der am weitesten innen stehende Ausdruck umgeformt, zum Beispiel:

$$\begin{aligned} A(1,2) &= A(0, A(1,1)) = A(0, A(0, A(1,0))) \\ &= A(0, A(0, A(0,1))) = A(0, A(0,2)) \\ &= A(0,3) = 4\,. \end{aligned}$$

Das folgende Berechnungs-Programm P formt das Listenende entsprechend um, bis die Liste nur noch aus einem einzigen Element besteht, das dann den gesuchten Funktionswert darstellt:

```
W := ⟨X, Y⟩; L := 2;
while L > 1 do
   if W[L ∸ 1] = 0 then
      W := W[1..L ∸ 2] · pr(L ∸ 1)^(W[L]+1);
      Dec(L)
   else if W[L] = 0 then
      W := W[1..L ∸ 2] · pr(L ∸ 1)^(W[L∸1]∸1) · pr(L)
   else W := W[1..L ∸ 2] · pr(L ∸ 1)^(W[L∸1]∸1) ·
                     pr(L)^(W[L∸1]) · pr(L + 1)^(W[L]∸1);
      Inc(L)
   fi fi
od;
RES := W[1].
```

Die Wirkungsweise von P läßt sich leicht nachvollziehen, wenn man beachtet, daß die Variablen W und L jeweils die Argumentliste und deren Länge enthalten und der Ausdruck W[1..L∸2] für L = 2 den Wert 1 hat. Letzteres folgt unmittelbar aus der Definition der Komponentenfunktion $x[i]$ auf S. 29. □

Satz 6.8. *Die Ackermann-Funktion ist nicht* **for**-*berechenbar.*

Zum Beweis verwenden wir das weiter unten bewiesene

Lemma 6.9. *Für jede durch ein* **for**-*Programm P berechnete Funktion* $f = f_P^n$ *existiert eine Konstante c, so daß für alle* $x_1, \ldots, x_n$ *gilt:*

$$f(x_1, \ldots, x_n) < A(c, x_1 + \cdots + x_n)\,.$$

Beweis von Satz 6.8. Durch Widerspruch. Wäre A **for**-berechenbar, dann auch die Funktion $g(x) := A(x, x)$. Dann gäbe es nach dem Lemma aber eine Konstante c, so daß $g(x) < A(c, x)$ für alle x, insbesondere also auch für $x = c$ selbst. Damit hätten wir dann den Widerspruch $g(c) < A(c, c) = g(c)$. □

Es bleibt also noch Lemma 6.9 zu zeigen. Für den Beweis[1] benötigen wir einige Hilfssätze über A:

Zunächst sieht man leicht durch Induktion über y:

(4) $$A(1, y) = y + 2\,.$$

Daraus erhält man, wiederum durch Induktion über y:

(5) $$A(2, y) = 2y + 3\,.$$

Die folgende Abschätzung ist zentral:

(6) $$y < A(x, y)\,.$$

Beweis. Der Beweis ist analog zu Satz 6.6. Wir zeigen durch *Induktion über x*, daß die Behauptung für alle y gilt. Für $x = 0$ ist $y < y + 1 = A(0, y)$ nach (1). Wir nehmen an, daß die Behauptung für ein x und alle y gilt, und zeigen durch *Induktion über y*, daß sie dann auch für $x + 1$ und alle y gilt: Für $y = 0$ ist $1 < A(x, 1)$

[1] Der Beweis kann ohne Nachteile für das Folgende übergangen werden.

nach Induktionsvoraussetzung über x, woraus mit (2) die Behauptung $0 < A(x+1,0)$ folgt. Wir nehmen jetzt an, daß die Behauptung für $x+1$ und ein y gilt, und zeigen, daß sie für $x+1$ und $y+1$ gilt:

Nach Induktionsannahme über y haben wir

(7) $$y < A(x+1, y)\,,$$

und dann nach Induktionsannahme über x, wenn wir für y den speziellen Wert $A(x+1,y)$ einsetzen: $A(x+1,y) < A(x, A(x+1,y))$. Mit (3) erhalten wir hieraus:

(8) $$A(x+1,y) < A(x+1,y+1)\,.$$

Aus den Ungleichungen (7) und (8) ergibt sich für $y+1$ schließlich die Induktionsbehauptung $y+1 < A(x+1,y+1)$. □

Die Funktion A ist monoton im zweiten Argument:

(9) $$A(x,y) < A(x,y+1)\,.$$

Beweis. Für $x=0$ ist $A(x,y) = y+1 < y+2 = A(x,y+1)$ nach (1). Für $x > 0$ erhalten wir nach (6) durch Einsetzen der speziellen Werte $A(x,y)$ für y und $x-1$ für x zunächst $A(x,y) < A(x-1, A(x,y))$. Die Behauptung folgt nun mit (3). □

Das erste Argument trägt mindestens ebenso stark zum Wachstum bei wie das zweite:

(10) $$A(x,y+1) \le A(x+1,y)\,.$$

Beweis. Durch Induktion über y. Für $y=0$ folgt die Behauptung sofort aus (2). Nach (6) ist $y+1 < A(x,y+1)$, also ist $y+2 \le A(x,y+1) \le A(x+1,y)$ nach Induktionsannahme. Mit Hilfe von (9) und (3) ergibt sich schließlich

$$A(x,y+2) \le A(x, A(x+1,y)) = A(x+1,y+1)\,.$$ □

Mit (9) und (10) erhalten wir sofort die *Monotonie im ersten Argument:*

(11) $$A(x,y) \le A(x+1,y)\,.$$

Wir fassen (9) und (11) zu einem *Monotoniesatz* zusammen:

Für alle $x \leq x'$ und $y \leq y'$ gilt:

$$A(x,y) \leq A(x',y') . \tag{12}$$

Wir benötigen schließlich, daß eine Multiplikation im zweiten Argument durch eine Addition im ersten Argument abgeschätzt werden kann:

Für jede Zahl m gibt es eine Konstante c_m, so daß für alle x, y gilt:

$$A(x,my) \leq A(x+c_m,y) . \tag{13}$$

Beweis. Wir betrachten zunächst speziell den Fall $m = 2$ und zeigen, daß $A(x,2y) \leq A(x+3,y)$. Für $y = 0$ sei das dem Leser überlassen. Für $y > 0$ ist

$$\begin{aligned} A(x,2y) &\leq A(x,2y+3) && \text{nach (12)} \\ &= A(x,A(2,y)) && \text{nach (5)} \\ &\leq A(x+2,A(x+2,y)) && \text{nach (12)} \\ &\leq A(x+2,A(x+3,y-1)) && \text{nach (12) und (10)} \\ &= A(x+3,y) && \text{nach (3)}. \end{aligned}$$

Sei jetzt m beliebig, und sei k eine Zahl mit $m \leq 2^k$. Iterierte Anwendung des Spezialfalls zeigt, daß die Behauptung (13) dann mit der Konstanten $c_m := 3k$ gilt. □

Damit kommen wir zum

Beweis von Lemma 6.9. Sei $f = f_P^n$ durch ein **for**-Programm P berechenbar. Sei m eine obere Schranke für n und die in P vorkommenden Register-Indizes.

Für $i = 1, \dots, m$ und Teilprogramme P' von P bezeichnen wir mit $f_{P',i}(x_1, \dots, x_m)$ die Funktion, die die Wirkung von P' auf Register Nr. i berechnet, also den neuen Inhalt von R_i in Abhängigkeit der vorherigen Inhalte aller R_k.

Wir zeigen die Behauptung des Lemmas für alle $f_{P',i}$. Damit sind wir fertig, denn es folgt dann insbesondere für das Gesamtprogramm P mit einer für $f_{P,1}$ geeignet gewählten Konstanten c:

$$f(x_1, \dots, x_n) = f_{P,1}(x_1, \dots, x_n, 0, \dots, 0) < A(c, x_1 + \cdots + x_n) .$$

Der Beweis wird durch *Induktion über den Aufbau von P'* nach Definition 2.2 unter Beachtung von M8 geführt.

Induktionsanfang. Für Elementar-Programme der Form $P' = \epsilon$, $P' = I_j$ und $P' = D_j$ gilt die Behauptung mit der Konstanten $c := 1$; mit (4) erhält man nämlich in allen drei Fällen die Abschätzung

$$f_{P',i}(x_1, \ldots, x_m) \leq x_1 + \cdots + x_m + 1 < A(1, x_1 + \cdots + x_m).$$

Induktionsschritt. Wir nehmen zunächst an, daß P' die Form einer Konkatenation

$$P' = Q;R$$

von zwei Programmen Q und R hat. Die $f_{P',i}$ entstehen dann durch Einsetzen der $f_{Q,j}$ in die $f_{R,i}$. Nach *Induktionsvoraussetzung* gelte die Behauptung des Lemmas mit geeigneten Konstanten für die $f_{Q,j}$ und $f_{R,i}$. Dabei können wir wegen der Monotonie (12) sogar annehmen, daß es sich um eine gemeinsame Konstante c handelt.

Sei $\mathbf{x}$ eine Abkürzung für $x_1, \ldots, x_m$ und $|\mathbf{x}|$ für $x_1 + \cdots + x_m$. Dann gilt:

$$\begin{aligned}
f_{P',i}(\mathbf{x}) &= f_{R,i}(f_{Q,1}(\mathbf{x}), \ldots, f_{Q,m}(\mathbf{x})) && \text{nach Def. von } P' \\
&< A(c, (f_{Q,1}(\mathbf{x}) + \cdots + f_{Q,m}(\mathbf{x}))) && \text{nach Ind.-Vor. für } f_{R,i} \\
&\leq A(c, mA(c, |\mathbf{x}|)) && \text{nach Ind.-Vor. für die } f_{Q,j} \text{ und (12)} \\
&\leq A(c + c_m, A(c, |\mathbf{x}|)) && \text{für eine Konstante } c_m \text{ nach (13)} \\
&\leq A(d, A(d+1, |\mathbf{x}| + 1)) && \text{mit } d := c + c_m \text{ nach (12)} \\
&= A(d+1, |\mathbf{x}|) && \text{nach (3)}.
\end{aligned}$$

Es bleibt der Fall zu betrachten, daß P' die Form einer **for**-Schleife

$$P' = \textbf{for}\ \mathrm{R}_j\ \textbf{do}\ S\ \textbf{od}$$

hat. Nach Induktionsvoraussetzung für S können wir unter Ausnutzung der Monotonie (12) annehmen, daß die Behauptung des Lemmas mit einer Konstanten c uniform für alle $f_{S,i}$ gilt. Sei c_{m-1} nach (13) passend zu $m-1$ gewählt. Wir zeigen, daß das Lemma mit der Konstanten $d := c + c_{m-1} + 1$ für alle $f_{P',i}$ gilt.

Als schreibtechnische Vereinfachung sei $j = m$ angenommen. Wir verwenden $\mathbf{x}'$ als Abkürzung für $x_1, \ldots, x_{m-1}$ und entsprechend $|\mathbf{x}'|$ für $x_1 + \cdots + x_{m-1}$.

Wir müssen also zeigen, daß für alle i gilt:

(14) $$f_{P',i}(\mathbf{x}', y) < A(d, |\mathbf{x}'| + y) .$$

Dabei unterscheiden wir zwei Fälle.

1. Fall: $i = m$. Aus M8 (S. 53) geht hervor, daß das Zählregister R_m nach Ablauf von P' den Wert 0 enthält. Es gilt also für alle y:

(15) $$f_{P',m}(\mathbf{x}', y) = 0 .$$

Die Behauptung (14) folgt nun aus (4) und (12).

2. Fall: $1 \leq i \leq m - 1$. Die Ausführung von P' besteht aus einer Anzahl von Wiederholungen von S, die durch den gegenwärtigen Inhalt von R_m festgelegt ist. Wir erhalten:

(16) $$f_{P',i}(\mathbf{x}', y) = f_{\underbrace{S \cdots S}_{y\text{-mal}},i}(\mathbf{x}', y), \quad 1 \leq i \leq m - 1 .$$

Nach Voraussetzung in M8 kommt das Register R_m in S nicht vor. Der Wert der $f_{S,i}$ hängt daher auch nicht von y ab, so daß wir ohne Beschränkung der Allgemeinheit als letztes Argument stets den speziellen Wert 0 einsetzen können. Es gilt also:

(17) $$f_{S,i}(\mathbf{x}', y) = f_{S,i}(\mathbf{x}', 0) .$$

Damit vereinfacht sich (16) zu:

(18) $$f_{P',i}(\mathbf{x}', y) = f_{\underbrace{S \cdots S}_{y\text{-mal}},i}(\mathbf{x}', 0) .$$

Die Gleichungen (17) und (18) bilden die Grundlage für die folgende Charakterisierung der $f_{P',i}$, $1 \leq i \leq m - 1$, durch ein System von *Rekursionsgleichungen:*

(19) $$f_{P',i}(\mathbf{x}', 0) = x_i$$

(20) $$f_{P',i}(\mathbf{x}', y + 1) = f_{S,i}(f_{P',1}(\mathbf{x}', y), \ldots, f_{P',m-1}(\mathbf{x}', y), 0) .$$

Mit (19) und (20) zeigen wir jetzt (14) durch *Induktion über y:*

Für $y = 0$ folgt (14) aus (19), (1) und (12), denn es gilt:

$$f_{P',i}(\mathbf{x}', 0) = x_i \leq |\mathbf{x}'| < A(y, |\mathbf{x}'|) \leq A(d, |\mathbf{x}'|) .$$

Nach Induktionsvoraussetzung gelte die Behauptung (14) für y. Wir zeigen, daß sie dann auch für $y + 1$ gilt:

$$\begin{aligned}
f_{P',i}(\mathbf{x}', y+1) &= f_{S,i}(f_{P',1}(\mathbf{x}', y), \ldots, f_{P',m-1}(\mathbf{x}', y), 0) && \text{nach (20)}\\
&< A(c, f_{P',1}(\mathbf{x}', y) + \cdots + f_{P',m-1}(\mathbf{x}', y)) && \text{nach Ind.-Vor. für } f_{S,i}\\
&\leq A(c, (m-1)\, A(d, |\mathbf{x}'| + y)) && \text{nach Ind.-Vor. für } y \text{ und (12)}\\
&\leq A(c + c_{m-1}, A(d, |\mathbf{x}'| + y)) && \text{nach (13)}\\
&= A(d, |\mathbf{x}'| + y + 1) && \text{nach (3)}.
\end{aligned}$$

Damit ist Lemma 6.9 und daher auch Satz 6.8 bewiesen. □

6.3 Die Kleenesche Normalform

In dem Programm zur Berechnung der Ackermann-Funktion (S. 59) ist genau *eine* **while**-Schleife erkennbar. Eine nähere Analyse nach Satz 6.3 zeigt, daß alle in den Funktionsberechnungen und Makros enthaltenen Schleifen beschränkt sind, so daß diese eine **while**-Schleife tatsächlich die einzige unbeschränkte im ganzen Programm ist. Diese bemerkenswerte Tatsache gilt auch allgemein:

Satz 6.10 (Kleenesche Normalform). *Jede RM-berechenbare Funktion läßt sich durch ein Programm berechnen, in dem maximal eine unbeschränkte* **while**-*Schleife vorkommt.*

Beweis. Sei f_P^n eine durch ein RM-Programm P berechnete n-stellige Funktion. Wir simulieren die Ausführung von P für Eingaben der Länge n durch ein Programm P', das aus dem universellen Interpreter U^n im Aufzählungstheorem 5.2 (S. 41) hervorgeht, indem man dort die Zeilen (1) und (2) ersetzt durch

(1′) ZU := $\langle R_1, \ldots, R_n \rangle$;
(2′) PS := $\ulcorner P \urcorner$; .

Analog zur Arbeitsweise von U^n sieht man, daß P und P' für Eingaben der Länge n dieselbe Wirkung auf das Resultatregister haben, so daß also $f_{P'}^n = f_P^n$. Nach Satz 6.3 sind alle in P' vorkommenden Funktionen und Makros durch **for**-Schleifen darstellbar, so daß die Schleife (3) aus U^n tatsächlich die einzige unbeschränkte im ganzen Programm P' ist. Damit gilt die Behauptung. □

Zusammenfassung und Ausblick

Wir haben in diesem Kapitel gesehen, daß viele in der Praxis häufig vorkommende Funktionen durch Programme berechnet werden, in denen alle Schleifen beschränkte **for**-Schleifen sind. Bei solchen Programmen ist von vornherein gewährleistet, daß sie immer terminieren. Wir haben aber auch gesehen, daß es Funktionen gibt, bei denen man nicht ohne unbeschränkte Schleifen auskommt. Für partielle Funktionen ist das offensichtlich, aber es gibt eben auch totale Funktionen, für die das gilt.

Man kann sich nun umgekehrt fragen, ob man einem Programm denn ansehen kann, ob es zu einer partiellen oder einer totalen Funktion gehört. Die Antwort ist: Das ist im allgemeinen nicht möglich. Diese fundamental wichtige Feststellung ist Gegenstand des nächsten Kapitels.

7 Das Halteproblem und der Satz von Rice

Bisher haben wir uns mit dem Ausbau der *Leistungsfähigkeit* der Registermaschine beschäftigt. Das vorliegende Kapitel befaßt sich nun umgekehrt mit den *Grenzen*. Wir beweisen einen fundamentalen Satz, der besagt, daß es keinen durch eine Registermaschine ausführbaren Algorithmus gibt, der allgemein entscheidet, ob ein beliebiges Programm terminiert. Wir erweitern diese Feststellung dann zu der Aussage, daß letztlich alle Fragen, die das *Verhalten* von RM-Programmen betreffen, nicht durch RM-Programme beantwortbar sind.

7.1 Einführung: Das Halteproblem in Modula

In Kap. 1 hatten wir eine Prozedur Halt zur Überprüfung der Terminierung von MODULA-Programmen *spezifiziert*, gleichzeitig aber angedeutet, daß eine solche Prozedur *nicht existiert*. Diese Behauptung soll jetzt *bewiesen* werden.

Wir gehen von der folgenden Spezifikation aus:

```
DEFINITION MODULE Debug;
...
PROCEDURE Halt(prg, inp: ARRAY OF CHAR): BOOLEAN;
(* Gibt TRUE aus, falls
   (1) prg ein syntaktisch korrektes MODULA-Programm ist,
   (2) in dem eine ReadString-Anweisung und
       keine weiteren Read-Befehle vorkommen und
   (3) das bei Eingabe von inp terminiert.
   In allen anderen Fällen gibt Halt den Wert FALSE aus. *)
...
END Debug.
```

Wir zeigen, daß es keine korrekte Implementierung von Halt geben kann. Zum Beweis nehmen wir das Gegenteil an und führen diese Annahme zum Widerspruch:

Wenn die Prozedur Halt existiert, können wir das folgende Programm Test aufbauen:

```
MODULE Test;
FROM InOut IMPORT ReadString;
FROM Debug IMPORT Halt;
VAR str: ARRAY OF CHAR;
BEGIN
  ReadString(str);
  IF Halt(str,str) THEN WHILE TRUE DO END
  END
END Test.
```

Die Prozedur Halt prüft, ob die Variable str ein MODULA-Programm darstellt, das für seinen *eigenen Programmtext* terminiert. Wenn das der Fall ist, sorgt die Endlosschleife WHILE TRUE DO END dafür, daß Test divergiert. Andernfalls wird die Schleife nicht betreten, so daß Test sofort terminiert.

Sei *test* die Zeichenkette, durch die das Programm Test dargestellt wird. Die Kernfrage ist nun, was geschieht, wenn der Variablen str speziell *diese* Zeichenkette zugewiesen wird; terminiert Test dann oder terminiert es nicht? Tatsächlich sind *beide* Annahmen unsinnig:

- Wenn Test terminiert, kann die Schleife WHILE TRUE DO END nicht ausgeführt worden sein, d.h., die Abfrage Halt(*test*,*test*) muß den Wert FALSE zurückgegeben haben. Da die Eingabe *test* die Bedingungen (1) und (2) in der Spezifikation von Halt erfüllt, kann das Resultat FALSE nur daran liegen, daß (3) *nicht* gilt. Mithin terminiert also Test für die Eingabe *test* doch nicht.
- Wenn umgekehrt Test für die Eingabe *test* nicht terminiert, muß Halt(*test*,*test*) den Wert TRUE zurückgegeben haben. Das bedeutet aber gerade, daß Test für *test* doch terminiert.

Zusammengefaßt erhalten wir also:

Für die Eingabe test *terminiert das Programm* Test *genau dann, wenn es nicht terminiert.*

Wo kann nun die Ursache für diesen Widerspruch liegen? Es ist alles mit rechten Dingen zugegangen – bis auf die ungesicherte Behauptung, daß die Prozedur Halt sich tatsächlich wunschgemäß verhält. Es bleibt also kein anderer Schluß übrig als der, daß eine korrekte Implementierung von Halt eben nicht möglich ist.[1]

7.2 Das Halteproblem der Registermaschine

Wir kehren zurück zur Registermaschine. Das *Halteproblem (HAP)* ist die Frage, ob ein beliebiges RM-Programm P für eine vorgegebene Eingabe $x_1, \ldots, x_n$ terminiert.

Wir zeigen, daß das HAP nicht durch Registermaschinen-Programme entscheidbar ist, d.h., wir zeigen, daß die Abbildung

$$H(P, x_1, \ldots, x_n) := \begin{cases} 1, & \text{falls } P \text{ angesetzt auf } x_1, \ldots, x_n \text{ terminiert} \\ 0, & \text{sonst} \end{cases}$$

nicht RM-berechenbar ist.

Der Beweis benutzt die in Kap. 4 entwickelte Gödelnummerdarstellung von Zeichenketten, wobei jedoch lediglich die Tatsache benötigt wird, daß Gödelnummern eindeutig sind.

Das Selbstanwendbarkeitsproblem

Wir schränken das Problem zunächst auf die Frage ein, ob ein gegebenes Registermaschinen-Programm für eine spezielle Eingabe, nämlich seine eigene Gödelnummer terminiert. Dies ist das *Selbstanwendbarkeitsproblem (SAP)*.

Zur Präzisierung verwenden wir die Funktion *sap*, die gegeben ist durch

$$\text{(1)} \qquad sap(p) := \begin{cases} 1, & \text{falls } p = \ulcorner P \urcorner \text{ und } f_P(p) \neq \bot \\ 0, & \text{sonst}. \end{cases}$$

---

[1] Der aufmerksame Leser wird sofort die Analogie zu der Frage entdecken, ob der Barbier, der alle Männer im Dorf rasiert, die sich nicht selbst rasieren, sich nun selbst rasiert oder nicht.

Bemerkung 7.1. Formal korrekt müßte die Bedingung in (1) eigentlich lauten: „Falls es ein Programm P gibt, so daß $p = \ulcorner P \urcorner$ und $f_P(p) \neq \bot$". Wenn aber p die Gödelnummer eines Programms ist, ist dieses eindeutig bestimmt, so daß die Kurzschreibweise zu keinerlei Mißverständnissen führt. Wir werden im folgenden ähnliche Abkürzungen ohne besondere Erwähnung benutzen.

Das folgende Lemma besagt, daß das Selbstanwendbarkeitsproblem nicht durch RM-Programme entscheidbar ist:

Lemma 7.2 (SAP-Lemma). *sap ist nicht RM-berechenbar.*

Beweis. Durch Widerspruch. Wir nehmen an, *sap* sei doch RM-berechenbar. Dann ist die Funktion

$$\overline{sap}(x) := \begin{cases} 1, & \text{falls } sap(x) = 0 \\ \bot, & \text{sonst} \end{cases}$$

ebenfalls berechenbar, etwa durch das Programm

$\overline{P}$ = **if** sap(X) = 0
 then RES := 1
 else while 0 = 0 **do od fi**.

Wir behaupten, daß speziell für die Gödelnummer $\overline{p}$ des Programms $\overline{P}$ gilt:

(2) $\overline{sap}(\overline{p}) = 1$ genau dann, wenn $\overline{sap}(\overline{p}) = \bot$.

Das sieht man wie folgt: Zunächst ist die linke Seite in (2) nach Definition von $\overline{sap}$ äquivalent zu $sap(\overline{p}) = 0$. Da $\overline{p}$ die Gödelnummer eines Programms – nämlich $\overline{P}$ – ist, ist dies wiederum gleichwertig zu $f_{\overline{P}}(\overline{p}) = \bot$. Nach Definition ist aber $f_{\overline{P}}$ gerade die Funktion $\overline{sap}$, so daß man hieraus dann die rechte Seite in (2) erhält.

Der Widerspruch (2) läßt nur den Schluß zu, daß es gar keine Gödelnummer $\overline{p}$ eines Berechnungsprogramms $\overline{P}$ von $\overline{sap}$ gibt, so daß auch kein derartiges Programm $\overline{P}$ existiert. Das kann aber nur daran liegen, daß die bei der Formulierung von $\overline{P}$ verwendete Funktion *sap* entgegen der Annahme doch nicht berechenbar ist. □

Bemerkung 7.3. Die Methode, die Berechenbarkeit von *sap* durch die Konstruktion einer geeigneten „Komplementärfunktion" $\overline{sap}$, die auf sich selbst angewendet wird, zu widerlegen, nennt man *Diago-*

nalisierung. Diese Bezeichnung wird verständlich, wenn man sich eine unendliche Matrix $(f_P(\ulcorner Q \urcorner))$ vorstellt, bei der die Zeilen- und Spaltenindizes P bzw. Q alle RM-Programme durchlaufen. In dieser Matrix entsprechen die von der Funktion *sap* untersuchten Einträge $f_P(\ulcorner P \urcorner)$ tatsächlich einer Diagonalen.

Diagonalisierung wird in vielen Bereichen der Mathematik und Informatik verwendet, von der Mengenlehre und Logik bis zur Komplexitätstheorie. (Tatsächlich haben wir sie ebenfalls bereits benutzt, und zwar bei dem Nachweis von nicht-**for**-berechenbaren Funktionen in Abschn. 6.2.) Die Methode geht auf Georg Cantor zurück, der sie u.a. für den Beweis der *Überabzählbarkeit* (s. Definition in Bemerkung 10.23 auf S. 126) der reellen Zahlen benutzte. Zur Verdeutlichung wollen wir diesen Beweis kurz skizzieren.

Beispiel 7.4. Wir zeigen, daß bereits das *Einheitsintervall* eine größere Mächtigkeit als die Menge der natürlichen Zahlen besitzt. Dazu nehmen wir an, es gäbe eine Abzählung $r_1, r_2, r_3, \ldots$ des Intervalls $(0, 1)$, und führen diese Annahme zum Widerspruch. Wir stellen die r_i durch die Ziffernfolge $a_{i,1}, a_{i,2}, a_{i,3}, \ldots$ der Nachkommastellen im Dezimalsystem dar und definieren dann aus den Diagonalenelementen $a_{i,i}$ dieser Folgen eine neue Zahl r mit der Ziffernfolge

$$a_i = \begin{cases} a_{i,i} + 1, & \text{falls } a_{i,i} < 9 \\ a_{i,i} - 1, & \text{falls } a_{i,i} = 9 . \end{cases}$$

Diese Zahl unterscheidet sich von jeder der r_i an der Dezimalstelle i, kann also im Widerspruch zur Annahme nicht in der Aufzählung vorkommen.

Der Hauptsatz

Wir zeigen, daß das allgemeine Halteproblem RM-unentscheidbar ist:

Theorem 7.5 (HAP-Theorem). *Für $n \geq 1$ ist die Funktion*

$$halt^n(p, x_1, \ldots, x_n) := \begin{cases} 1, & \textit{falls } p = \ulcorner P \urcorner \textit{ und } f_P(x_1, \ldots, x_n) \neq \bot \\ 0, & \textit{sonst} \end{cases}$$

nicht RM-berechenbar.[2]

[2] Die Aussage gilt auch für $n = 0$, der Nachweis ist jedoch etwas aufwendiger. Wir kommen im nächsten Abschnitt in Übung 7.8 darauf zurück.

Beweis. Wir nehmen dagegen an, $halt^n$ wäre RM-berechenbar. Dann wäre auch die Funktion h berechenbar, die definiert ist durch:

$$h(p) := halt(p, p, 0, \ldots, 0)\,.$$

Das ist nach dem SAP-Lemma aber unmöglich, da h offenbar gerade die Funktion *sap* ist. Es folgt, daß *halt* entgegen der Annahme doch nicht berechenbar ist. □

Bemerkung 7.6. Auch die Beweismethode im HAP-Theorem verdient eine nähere Analyse. Die Kernidee besteht in einer Einbettung von SAP in HAP – genannt *Reduktion von* SAP *auf* HAP, so daß ein vermeintliches Lösungsverfahren für HAP sich automatisch auch auf SAP übertragen würde. Das bedeutet, daß HAP *mindestens ebenso schwer lösbar* ist wie SAP. Hierfür schreibt man auch suggestiv SAP $\leq$ HAP. Da es aber für SAP überhaupt kein Lösungsverfahren gibt, folgt aus SAP $\leq$ HAP auch die Unlösbarkeit von HAP.

Wir werden in den folgenden Kapiteln noch eine Reihe weiterer Anwendungen der Reduktionsmethode kennenlernen.

7.3 Der Satz von Rice

Der Satz von Rice ist ein mächtiges Instrument, mit dem sich viele Eigenschaften von Registermaschinen-Programmen als unentscheidbar nachweisen lassen. Auf den Punkt gebracht besagt er, daß *jede nicht-triviale Eigenschaft* von Registermaschinen-berechenbaren *Funktionen* unentscheidbar ist: Es reicht, daß jeweils mindestens eine Funktion die Eigenschaft besitzt bzw. nicht besitzt.

Typische Fragen, die mit dem Satz von Rice als unlösbar nachgewiesen werden können, sind z.B.

- das *Totalitätsproblem*: Ist die durch ein RM-Programm berechnete Funktion total?
- das *Äquivalenzproblem*: Sind zwei Programme *äquivalent* in dem Sinn, daß sie dieselbe Funktion berechnen?

Satz 7.7 (Rice). *Sei $n \geq 0$. Sei $\mathcal{F}$ die Menge der n-stelligen RM-berechenbaren Funktionen. Wenn F eine echte, aber nicht-leere Teilmenge von $\mathcal{F}$ ist, dann ist die Funktion*

$$\chi_F(p) := \begin{cases} 1, & \textit{falls } p = \ulcorner P \urcorner \textit{ und } f_P^n \in F \\ 0, & \textit{sonst} \end{cases}$$

nicht RM-berechenbar.

Der Satz besagt also, daß es keinen durch eine Registermaschine ausführbaren Algorithmus gibt, der allgemein für beliebige RM-Programme P entscheidet, ob die durch P berechnete Funktion zu F gehört.

Wir betonen, daß der Satz von Rice eine Aussage über *Funktionen* und *nicht* über *Programme* macht, genauer: nicht über *syntaktische* Eigenschaften von Programmen. (Beispielsweise ist sicherlich feststellbar, ob das Register Nr. 2 in einem Programm vorkommt, obwohl es sowohl Programme gibt, auf die dies zutrifft, als auch solche, für die dies nicht gilt.)

Bevor wir mit dem Beweis beginnen, illustrieren wir die Aussage für das Totalitäts- und das Äquivalenzproblem:

Totalitätsproblem. Die Menge F der totalen Funktionen f_P^n enthält die Konstantenfunktion C_0^n, während die Funktion bot^n nicht zu F gehört. Damit sind die Voraussetzungen des Satzes erfüllt, und es folgt, daß das Totalitätsproblem unentscheidbar ist.

Äquivalenzproblem. Als Voraussetzung für den Satz reicht es, für ein beliebiges, aber festes RM-Programm Q_0 nachzuweisen, daß die Menge F der f_P^n mit $f_P^n = f_{Q_0}^n$ eine nicht-leere, echte Teilmenge von $\mathcal{F}$ ist. Das ist aber trivial: Zum einen stimmen nicht alle n-stelligen RM-berechenbaren Funktionen mit $f_{Q_0}^n$ überein, zum anderen ist die Menge F nicht leer, da sie ja $f_{Q_0}^n$ selbst enthält.

Übung 7.8. Man zeige die Unentscheidbarkeit des Halteproblems (einschließlich des Falles $n = 0$) mit dem Satz von Rice.

Damit kommen wir zum

Beweis von 7.7. Der Beweis wird durch Reduktion von SAP geführt. Er beruht entscheidend auf der Möglichkeit, Zeichenkettenumformungen auf der Gödelnummerebene nachzubilden.

Wir nehmen an, χ_F wäre berechenbar, und zeigen, daß dann im Widerspruch zum SAP-Lemma die Funktion *sap* ebenfalls berechenbar wäre. Mit anderen Worten, wir zeigen, daß ein vermeintliches Entscheidungsverfahren für F sozusagen en passant das Selbstanwendbarkeitsproblem lösen würde.

Sei wieder *bot* die überall undefinierte Funktion, von der wir bereits wissen, daß sie zu $\mathcal{F}$ gehört. Wir können sogar ohne Beschränkung der Allgemeinheit annehmen, daß

$$bot \in \mathcal{F} - F. \tag{1}$$

Falls nämlich $bot \in F$, ersetzen wir einfach F durch $F' := \mathcal{F} - F$, was für die Behauptung des Satzes keine Rolle spielt, da dann $\chi_{F'} = 1 \dot{-} \chi_F$, und deshalb $\chi_{F'}$ genau dann berechenbar ist, wenn χ_F berechenbar ist.

Nach Voraussetzung ist F nicht leer. Sei daher Q ein beliebiges, aber festes Programm mit

$$f_Q \in F\,. \tag{2}$$

Wir verwenden Q als Basis einer Programm-Transformation, die jedem Programm P ein Programm P_Q zuordnet, das je nachdem, ob P angesetzt auf $\ulcorner P \urcorner$ terminiert oder nicht, entweder *bot* oder f_Q berechnet:

Sei m eine obere Schranke für die in P und Q vorkommenden Registerindizes. Wir definieren das zu P gehörige Programm P_Q dann wie folgt:

(1) $R_{m+1} := R_1; \ldots ; R_{m+m} := R_m;$
(2) $R_1 := \ulcorner P \urcorner; R_2 := 0; \ldots ; R_m := 0;$
(3) $P;$
(4) $R_1 := R_{m+1}; \ldots ; R_m := R_{m+m};$
(5) $Q\,.$

Falls P angesetzt auf $\ulcorner P \urcorner$ divergiert, sorgen die Zeilen (2) und (3) dafür, daß P_Q ebenfalls divergiert. Falls das Teilprogramm P jedoch terminiert, wird in Zeile (5) das Programm Q ausgeführt. Zeile (1) dient dazu, den Eingabevektor für Q zu sichern, um ihn gegebenenfalls durch die Zuweisungen in Zeile (4) wieder unverändert bereitzustellen.

Die durch P_Q berechnete Funktion ist also

(3) $$f_{P_Q} = \begin{cases} f_Q, & \text{falls } f_P^1(\ulcorner P \urcorner) \neq \bot \\ bot, & \text{sonst}. \end{cases}$$

Nach (1), (2) und Definition von *sap* können wir (3) umformen zu:

(4) $$\begin{array}{ll} f_{P_Q} \in F, & \text{falls } sap(\ulcorner P \urcorner) = 1, \\ f_{P_Q} \notin F, & \text{falls } sap(\ulcorner P \urcorner) = 0. \end{array}$$

Nach Definition von χ_F folgt daraus für beliebige RM-Programme P:

(5) $$\chi_F(\ulcorner P_Q \urcorner) = sap(\ulcorner P \urcorner).$$

Die Gleichung (5) deutet bereits an, daß die vermeintliche Berechenbarkeit von χ_F sich auf *sap* überträgt. Zum formalen Nachweis fehlen jedoch noch zwei Schritte:

Zum einen benötigen wir die Beziehung (5) für beliebige Argumente, nicht nur für Gödelnummern. Die Erweiterung ist aber unproblematisch, wir erhalten:

(6) $$sap(p) = \begin{cases} \chi_F(\ulcorner P_Q \urcorner), & \text{falls } p = \ulcorner P \urcorner \\ 0, & \text{sonst}. \end{cases}$$

Zum anderen benötigen wir noch eine Funktion, die die Gödelnummer von P_Q aus der Gödelnummer von P berechnet. Dazu definieren wir:

(7) $$trans_Q(p) := \begin{cases} \ulcorner P_Q \urcorner, & \text{falls } p = \ulcorner P \urcorner \\ 0, & \text{sonst}. \end{cases}$$

Durch Einsetzen von (7) in (6) ergibt sich für alle p:

(8) $$sap(p) = \chi_F(trans_Q(p)).$$

Wir werden gleich zeigen:

(9) $$trans_Q \text{ ist RM-berechenbar}.$$

Aus (8) und (9) folgt dann, daß mit χ_F auch *sap* berechenbar wäre. Letzteres ist aber bereits durch das SAP-Lemma widerlegt; die Funktion χ_F kann also – entgegen der Annahme – doch nicht berechenbar sein.

Es bleibt also nur noch (9) zu zeigen. Dazu ist erforderlich:

- Die Berechnung einer oberen Schranke m für die vorkommenden Registerindizes. Hier können wir mit genügendem Sicherheitsabstand $m = p$ wählen.
- Die Berechnung der Gödelnummern der Zuweisungen in den Zeilen (1), (2) und (4) von P_Q. Dabei ist zu beachten, daß die Makros in Zeile (1) und (4) im ganzen $2m$ Hilfsregister verwenden. Wir können annehmen, daß es sich dabei konkret um die Register R_i mit $2m + 1 \leq i \leq 4m$ handelt. Zeile (2) ist unproblematisch, da die dort verwendeten Makros eindeutig sind.
- Schließlich sind die so erhaltenen Gödelnummern mit $\ulcorner P \urcorner$ und $\ulcorner Q \urcorner$ zu der Gödelnummer des Gesamtprogramms P_Q zu konkatenieren.

Die technischen Details entsprechen den Konstruktionen, die wir in den vorangegangenen Kapiteln bereits mehrfach durchgeführt haben, und seien dem Leser überlassen. Damit ist (9) und daher der Satz von Rice bewiesen. □

Abschließende Bemerkungen

Mit dem Satz von Rice schließen wir die Diskussion der Registermaschine zunächst ab. In den nächsten beiden Kapiteln stellen wir zwei weitere Berechenbarkeitsmodelle vor, die sich unter dem Aspekt der Berechnungsmächtigkeit als gleichwertig zur Registermaschine erweisen. Damit übertragen sich dann automatisch auch die Unentscheidbarkeitsresultate der Registermaschine auf diese Modelle. Das Halteproblem hat darüberhinaus weitreichende Konsequenzen in den verschiedensten Bereichen der Algorithmentheorie. Wir werden in den Kapiteln 11–13 einige Beispiele kennenlernen.

8 Rekursive Funktionen

In der Registermaschine wird der Begriff der Berechnung durch den zugrunde liegenden algorithmischen *Prozeß* präzisiert. Wir werden jetzt ein Modell kennenlernen, das auf der *Verknüpfung von Funktionen* beruht, so daß der prozedurale Aspekt eine eher untergeordnete Rolle spielt. Programmiersprachlich ist der Ansatz dem Paradigma der funktionalen Programmierung verwandt.

Die Idee besteht darin, ausgehend von einer Menge von einfachen Grundfunktionen durch naheliegende Verfahren weitere Funktionen zu erzeugen. Zunächst lassen wir als Konstruktionsverfahren nur *Einsetzung* und eine einfache Form der *induktiven Definition* zu. Daraus entsteht die Klasse der sogenannten *primitiv-rekursiven Funktionen*. Es zeigt sich, daß die primitiv-rekursiven Funktionen gerade den **for**-berechenbaren Funktionen aus Kap. 6 entsprechen. Mit dem μ-Operator führen wir dann einen zusätzlichen Erzeugungsmechanismus ein, der es erlaubt, Nullstellen von Funktionen auszuzeichnen. Die so erweiterte Klasse fällt mit der Klasse der Registermaschinen-berechenbaren Funktionen zusammen.

Notation 8.1. Im folgenden bezeichnet der Fettbuchstabe $\mathbf{x}$ immer ein n-Tupel von Zahlen der Form $x_1, \ldots, x_n$, wobei sich die Anzahl der Komponenten n meistens aus dem Zusammenhang ergibt.

8.1 Primitiv-rekursive Funktionen

PR1. Als Grundfunktionen nehmen wir:

- die nullstellige *Konstantenfunktion* C_0^0 mit dem Wert 0,
- die *Nachfolgerfunktion* $N(x) := x + 1$.
- für $n \geq 1$ und $1 \leq i \leq n$ die *Projektionsfunktionen* $\pi_i^n(\mathbf{x}) := x_i$.

Für die Definition durch *Einsetzung* verwenden wir das folgende Grundschema:

PR2. Seien $h_1, \ldots, h_m$ Funktionen von $n \geq 0$ Argumenten und g eine m-stellige Funktion. Falls nun für beliebige Argumente $\mathbf{x}$ gilt:

$$f(\mathbf{x}) = g(h_1(\mathbf{x}), \ldots, h_m(\mathbf{x}))\,,$$

so sagt man, daß f aus g durch *Einsetzung* von $h_1, \ldots, h_m$ entsteht.

Für *partielle* Funktionen vereinbaren wir, daß sich Definitionslükken auf die umfassende Funktion vererben, so daß $f(\mathbf{x}) \neq \perp$ dann und nur dann, wenn alle $h_i(\mathbf{x})$ einen definierten Wert $y_i \neq \perp$ haben und darüberhinaus $g(y_1, \ldots, y_m) \neq \perp$ gilt.

Als Grundform der *rekursiven* (oder *induktiven*) Definition führen wir das folgende Schema der *primitiven Rekursion* ein:

PR3. Sei $g(\mathbf{x})$ eine n-stellige und $h(\mathbf{x}, y, z)$ eine $(n+2)$-stellige Funktion mit $n \geq 0$. Falls für beliebige Argumente $\mathbf{x}$ gilt:

$$\begin{aligned} f(\mathbf{x}, 0) &= g(\mathbf{x}) \\ f(\mathbf{x}, y+1) &= h(\mathbf{x}, y, f(\mathbf{x}, y))\,, \end{aligned}$$

so sagt man, daß f *aus g und h durch primitive Rekursion entsteht.*

Die Funktion f ist durch das Schema eindeutig festgelegt, so daß wir PR3 als *Definition* von f auffassen können. Die Eindeutigkeit ergibt sich aus dem Berechnungsprozeß, der implizit in der Rekursionsgleichung enthalten ist: Beginnend mit $f(\mathbf{x}, 0) = g(\mathbf{x})$ wird, solange $f(\mathbf{x}, i) \neq \perp$, für $i = 0, \ldots, y - 1$ fortlaufend der Wert von $f(\mathbf{x}, i+1)$ durch Einsetzung von $f(\mathbf{x}, i)$ für z in h berechnet. Falls $h(\mathbf{x}, y, f(\mathbf{x}, i)) = \perp$, pflanzt sich die Definitionslücke fort, so daß $f(\mathbf{x}, j) = \perp$ für alle $j \geq i$.

Definition 8.2. Eine Funktion heißt *primitiv-rekursiv*, wenn sie durch iterierte Anwendung der Einsetzung PR2 und primitiven Rekursion PR3 aus den Grundfunktionen PR1 gewonnen werden kann.

Die Vereinbarungen über den Umgang mit partiellen Funktionen in PR2 und PR3 sind für primitiv-rekursive Funktionen nicht von Interesse (sie werden erst später bei den μ-rekursiven Funktionen benötigt); es gilt nämlich der

Satz 8.3. *Jede primitiv-rekursive Funktion ist total.*

Beweis. Für die Grundfunktionen ist die Behauptung unmittelbar klar. Funktionen, die durch Einsetzung oder primitive Rekursion aus totalen Funktionen entstehen, sind offensichtlich wieder total. Die Behauptung ergibt sich daher induktiv für alle aus den Grundfunktionen durch Iteration dieser Prozesse erzeugten Funktionen. □

Erweiterte Definitionsschemata

Die Definitionsschemata PR2 und PR3 sind noch ziemlich speziell und in der Praxis unhandlich, da sie sowohl die Zahl wie die Reihenfolge der Argumente festlegen. Wir zeigen, wie man ausgehend von den Grundschemata zu weniger strengen Formen der Einsetzung und Rekursion gelangt.

In Erweiterung von PR2 läßt sich unschwer einsehen, daß *jede Einsetzung* von primitiv-rekursiven Funktionen ineinander – unabhängig von Anzahl und Reihenfolge der Argumente – wieder zu primitiv-rekursiven Funktionen führt. Die Zurückführung auf das Grundschema ist stets durch Einfügen von geeigneten Projektionsfunktionen möglich. Die Methode sei an einem Beispiel illustriert:

Beispiel 8.4. Wenn g und h primitiv-rekursiv sind, dann gilt dies auch für die durch die Einsetzung $f(x, y, z) := g(z, h(z, x))$ definierte Funktion. Zum Beweis führen wir die Hilfsfunktion $H(x, y, z) := h(\pi_3^3(x, y, z), \pi_1^3(x, y, z))$ ein, die offenbar den Forderungen von PR2 genügt, somit also primitiv-rekursiv ist. Durch nochmalige Anwendung von PR2 erhalten wir die primitiv-rekursive Darstellung $f(x, y, z) = g(\pi_3^3(x, y, z), H(x, y, z))$.

Entsprechend macht man sich leicht klar, daß *alle Formen der induktiven Definition* aus Funktionen g und h, bei denen der Wert von $f(\mathbf{x}, y+1)$ jeweils durch irgendeine Einsetzung von $f(\mathbf{x}, y)$ in h hervorgeht, von primitiv-rekursiven wieder zu primitiv-rekursiven Funktionen führen. Insbesondere muß also nicht notwendigerweise die Induktion über das letzte Argument geführt werden. Die Methode sei wieder an einem Beispiel illustriert:

Beispiel 8.5. Die Rekursionsgleichung

$$f(x, 0, z) = g(z)$$
$$f(x, y+1, z) = h(f(x, y, z))$$

kann auf PR3 zurückgeführt werden durch die Einführung der Hilfsfunktion

$$F(x, z, 0) = g(\pi_2^2(x, z))$$
$$F(x, z, y+1) = h(\pi_3^3(x, z, F(x, z, y)))$$

und der Einsetzung

$$f(x, y, z) := F(\pi_1^3(x, y, z), \pi_3^3(x, y, z), \pi_2^3(x, y, z)).$$

Es folgt, daß mit g und h auch f primitiv-rekursiv ist.

Einige einfache primitiv-rekursive Funktionen

PR4. *Alle Konstantenfunktionen C_k^n, $n, k \geq 0$, sind primitiv-rekursiv.*

Beweis. Durch iterierte Einsetzung. Es gilt:

$$C_k^n(\mathbf{x}) = \underbrace{N(\cdots N(}_{k\text{-mal}} C_0^0) \cdots). \qquad \square$$

PR5. *Addition $x + y$, Multiplikation $x \cdot y$ und Potenz x^y sind primitiv-rekursiv.*

Beweis. Durch Zurückführung auf PR3. Es gilt für die Addition:

$$x + 0 = x$$
$$x + (y+1) = N(x + y),$$

für die Multiplikation:

$$x \cdot 0 = 0$$
$$x \cdot (y+1) = x \cdot y + x$$

und für die Potenz:

$$x^0 = 1$$
$$x^{y+1} = x^y \cdot x.$$

Bei der Addition ist zu beachten, daß das Symbol „+" strenggenommen mit zwei unterschiedlichen Bedeutungen eingeht; es bezeichnet einerseits den Nachfolger $y + 1$ der Rekursionsvariablen y, andererseits die durch das Schema definierte Funktion selbst. $\square$

PR6. *Die Fakultät $x!$ ist primitiv-rekursiv.*

Beweis. Es gilt:

$$0! = 1$$
$$(x+1)! = x! \cdot (x+1) . \qquad \square$$

PR7. *Die Vorgängerfunktion*

$$V(0) = 0$$
$$V(n+1) = n$$

und die modifizierte Differenz $x \dot{-} y$ sind primitiv-rekursiv.

Beweis. Für die Vorgängerfunktion offensichtlich. Damit erhalten wir für die Differenz:

$$x \dot{-} 0 = x$$
$$x \dot{-} (y+1) = V(x \dot{-} y) . \qquad \square$$

Primitiv-rekursive Prädikate und Definition durch Fallunterscheidung

Häufig werden Funktionen durch *Fallunterscheidung* aus anderen zusammengesetzt. Wir zeigen, daß Definition durch Fallunterscheidung zu primitiv-rekursiven Funktionen führt, wenn alle Bestandteile einschließlich der Fallunterscheidung selbst mit primitiv-rekursiven Mitteln ausdrückbar sind. Dazu benötigen wir den Begriff der primitiven Rekursivität für Prädikate über natürliche Zahlen.

Ein n-stelliges *Prädikat* P, $n \geq 0$, ist eine Eigenschaft, die auf gewisse n-Tupel $\mathbf{x}$ zutrifft, auf andere nicht. Beispielsweise ist die Eigenschaft Primzahl zu sein, ein einstelliges Prädikat, das für $2, 3, 5, 7, \ldots$ gilt, für $1, 4, 6, 8, 9, \ldots$ jedoch nicht. Die *kleiner*-Beziehung $x < y$ zwischen zwei Zahlen ist ein zweistelliges Prädikat, das beispielsweise auf $(2, 3)$ zutrifft, auf $(2, 2)$ jedoch nicht. Wir schreiben $P(\mathbf{x})$, wenn ein Prädikat P auf das Tupel $\mathbf{x}$ zutrifft. Ein nullstelliges Prädikat ist eine der Booleschen Konstanten *wahr* oder *falsch*.

Für ein Prädikat P der Stelligkeit $n \geq 0$ bezeichnen wir mit $\neg P$ das Prädikat, das auf genau diejenigen n-Tupel zutrifft, für die P *nicht* erfüllt ist. Falls Q ein weiteres n-stelliges Prädikat ist, bezeichnen wir mit $P \wedge Q$ das Prädikat, das genau auf alle n-Tupel zutrifft, für die sowohl P als auch Q gelten. Entsprechend bezeichnet $P \vee Q$ das Prädikat, das genau dann gilt, wenn (mindestens) eines der beiden Prädikate P oder Q erfüllt ist.

Definition 8.6. Ein Prädikat $P(\mathbf{x})$ heißt *primitiv-rekursiv*, falls seine *charakteristische Funktion*

$$\chi_P(\mathbf{x}) := \begin{cases} 1, & \text{falls } P(\mathbf{x}) \\ 0, & \text{sonst} \end{cases}$$

primitiv-rekursiv ist.

PR8. *Die Prädikate*

$$x < y, \quad x = y, \quad x \leq y$$

sind primitiv-rekursiv.

Beweis. Mit der primitiv-rekursiven *Vorzeichenfunktion*

$$sgn(0) = 0$$
$$sgn(x + 1) = 1$$

erhalten wir

$$\chi_<(x, y) = sgn(y \dot{-} x),$$
$$\chi_=(x, y) = 1 \dot{-} ((y \dot{-} x) + (x \dot{-} y)),$$
$$\chi_\leq(x, y) = sgn((y + 1) \dot{-} x).$$

□

PR9. *Falls P ein primitiv-rekursives Prädikat ist, dann ist auch $\neg P$ primitiv-rekursiv. Falls Q ein weiteres primitiv-rekursives Prädikat mit der gleichen Stelligkeit wie P ist, dann sind auch die Prädikate $P \wedge Q$ und $P \vee Q$ primitiv-rekursiv.*

Beweis. Es gilt: $\chi_{\neg P} = 1 \dot{-} \chi_P$ und $\chi_{P \wedge Q} = \chi_P \cdot \chi_Q$. Die Betrachtung von $\chi_{P \vee Q}$ sei dem Leser überlassen. □

Es ist unschwer einzusehen, daß die Einsetzung von primitiv-rekursiven Funktionen in primitiv-rekursive Prädikate wieder zu primitiv-rekursiven Prädikaten führt. Wir werden hiervon meist ohne gesonderte Erwähnung Gebrauch machen.

PR10 (Definition durch Fallunterscheidung). *Seien $P_1, \ldots, P_k$ und $f_1, \ldots, f_{k+1}$ primitiv-rekursive Prädikate bzw. Funktionen einer gemeinsamen Stelligkeit $n \geq 0$. Für jedes $\mathbf{x}$ gelte höchstens ein P_i. Dann ist die folgende Funktion ebenfalls primitiv-rekursiv:*

$$g(\mathbf{x}) := \begin{cases} f_1(\mathbf{x}), & \textit{falls } P_1(\mathbf{x}) \\ \vdots & \\ f_k(\mathbf{x}), & \textit{falls } P_k(\mathbf{x}) \\ f_{k+1}(\mathbf{x}), & \textit{sonst.} \end{cases}$$

Beweis. Es gilt:

$$g(\mathbf{x}) = \sum_{i=1}^{k} \chi_{P_i}(\mathbf{x}) \cdot f_i(\mathbf{x}) + \chi_{(\neg P_1 \wedge \cdots \wedge \neg P_k)}(\mathbf{x}) \cdot f_{k+1}(\mathbf{x}). \qquad \square$$

Wir verwenden gelegentlich Formen der Definition durch Fallunterscheidung, bei denen nicht alle beteiligten Funktionen und Prädikate sämtlich von den gleichen Variablen abhängen. Man überzeugt sich aber leicht davon, daß die Zurückführung auf das Grundschema PR10 stets durch Einfügen von geeigneten Projektionsfunktionen möglich ist.

Der beschränkte μ-Operator

Häufig wird die kleinste Zahl z benötigt, für die ein Prädikat $P(\mathbf{x}, z)$ gilt. Wir zeigen, daß die Berechnung mit primitiv-rekursiven Mitteln möglich ist, falls der Suchraum durch eine vorgegebene Obergrenze y beschränkt wird.

Für ein Prädikat $P(\mathbf{x}, z)$ bezeichnet $(\mu z \leq y)P(\mathbf{x}, z)$ (für μ lies *das kleinste*) die Funktion

$$f(\mathbf{x}, y) := \begin{cases} \min\{\, z \leq y \mid P(\mathbf{x}, z) \,\}, & \text{falls diese Menge nicht leer ist} \\ y + 1, & \text{sonst}. \end{cases}$$

Wir sagen, daß f *durch Anwendung des beschränkten μ-Operators aus P entsteht.* Der „Sonst-Wert" $y + 1$ drückt aus, daß im Suchraum $0, \ldots, y$ kein geeigneter Wert existiert.

PR11. *Mit $P(\mathbf{x}, y)$ ist auch die Funktion $(\mu z \leq y)P(\mathbf{x}, z)$ primitiv-rekursiv.*

Beweis. Wir definieren eine Funktion f durch das Rekursionsschema

$$(1) \qquad f(\mathbf{x},0) = \begin{cases} 0, & \text{falls } P(\mathbf{x},0) \\ 1, & \text{sonst}, \end{cases}$$

$$(2) \quad f(\mathbf{x},y+1) = \begin{cases} f(\mathbf{x},y), & \text{falls } f(\mathbf{x},y) \leq y \\ y+1, & \text{falls } f(\mathbf{x},y) > y \wedge P(\mathbf{x},y+1) \\ y+2, & \text{sonst}. \end{cases}$$

f leistet das Gewünschte: In (1) ist für $y = 0$ die Suche nach einem kleinsten $z \leq y$ auf die Überprüfung des Werts 0 selbst beschränkt. In (2) wird zunächst geprüft, ob ein $z \leq y$ das Prädikat erfüllt. Ein solches z ist insbesondere auch $\leq y + 1$. Der zweite Fall tritt ein, wenn $y + 1$ selbst der kleinste erfüllende Wert ist (der bei der Suche bis y daher nicht gefunden wurde). Falls auch die um einen Schritt ausgedehnte Suche bis $y + 1$ erfolglos bleibt, wird der Funktionswert $y + 2$ ausgegeben. □

Übung 8.7. Man verifiziere, daß (2) mit PR3 verträglich ist. Dazu betrachte man die Hilfsfunktion

$$H(\mathbf{x},y,u) := \begin{cases} u, & \text{falls } u \leq y \\ y+1, & \text{falls } u > y \wedge P(\mathbf{x},y+1) \\ y+2, & \text{sonst}. \end{cases}$$

Mit PR11 können wir einige weitere in Kap. 3 eingeführte Funktionen als primitiv-rekursiv nachweisen:

PR12. *Die folgenden Funktionen sind primitiv-rekursiv:*

$$x \operatorname{div} y, \quad x \bmod y, \quad pr(i), \quad x[i].$$

Beweis. Wir haben:

$$x \operatorname{div} y = \begin{cases} 0, & \text{falls } y = 0 \\ (\mu z \leq x)((z+1) \cdot y > x), & \text{sonst}, \end{cases}$$

$$x \bmod y = \begin{cases} 0, & \text{falls } y = 0 \\ x \dot{-} (y \cdot (x \operatorname{div} y)), & \text{sonst}. \end{cases}$$

Für die Funktion pr benötigen wir die charakteristische Funktion der Primzahleigenschaft. Diese kann primitiv-rekursiv definiert werden durch

$$prim(x) := \begin{cases} 0, & \text{falls } x = 0 \vee x = 1 \vee \\ & \quad (\mu z \leq x)(1 < z \wedge (x \bmod z = 0)) < x \\ 1, & \text{sonst}. \end{cases}$$

Nach Lemma 6.4 (S. 55) kann die Suche nach der nächsten Primzahl oberhalb von $pr(i)$ jeweils durch $pr(i)!+1$ beschränkt werden. Damit erhalten wir die folgende primitiv-rekursive Darstellung von pr:

$$\begin{aligned} pr(0) &= 1 \\ pr(i+1) &= (\mu z \leq pr(i)! + 1)(prim(z) = 1 \wedge pr(i) < z). \end{aligned}$$

Für $x[i]$ ergibt sich schließlich die primitiv-rekursive Darstellung:

$$x[i] = (\mu z \leq x)(x \bmod pr(i)^{z+1} \neq 0). \qquad \square$$

Bei x div y und $x[i]$ fällt auf, daß der μ-Operator zur Suche nach der *größten* Zahl z mit einer bestimmten Eigenschaft verwendet wird. Dies ist immer dann möglich, wenn das größte z, auf das die Eigenschaft zutrifft, der Vorgänger der kleinsten Zahl ist, auf die sie nicht zutrifft.

Werteverlaufsrekursion

Wir erweitern jetzt das Rekursionsschema PR3 derart, daß bei der rekursiven Berechnung von $f(\mathbf{x}, y+1)$ nicht nur auf den unmittelbaren Vorgängerwert $f(\mathbf{x}, y)$, sondern auf die *Gesamtheit der Vorgängerwerte* $f(\mathbf{x}, 0), \ldots, f(\mathbf{x}, y)$ zurückgegriffen werden kann.

Für eine Funktion $f(\mathbf{x}, y)$ bezeichne

$$f^*(\mathbf{x}, y) := \langle f(\mathbf{x}, 0), \ldots, f(\mathbf{x}, y) \rangle$$

die *Werteverlaufsfunktion* von f, wobei mit dem Ausdruck in spitzen Klammern wieder das Produkt der Primzahlpotenzen $pr(i+1)^{f(\mathbf{x},i)}$, $i = 0, \ldots, y$, gemeint ist.

PR13. *Mit f ist auch die Werteverlaufsfunktion f^* primitiv-rekursiv.*

Beweis. Durch

$$\begin{aligned} f^*(\mathbf{x}, 0) &= pr(1)^{f(\mathbf{x},0)} \\ f^*(\mathbf{x}, y+1) &= f^*(\mathbf{x}, y) \cdot pr(y+2)^{f(\mathbf{x},y+1)}. \end{aligned} \qquad \square$$

PR14 (Werteverlaufsrekursion). *Seien $g(\mathbf{x})$ und $h(\mathbf{x}, y, z)$ primitiv-rekursiv. Dann wird durch das Schema*

$$
(3) \qquad \begin{aligned} f(\mathbf{x}, 0) &= g(\mathbf{x}) \\ f(\mathbf{x}, y+1) &= h(\mathbf{x}, y, f^*(\mathbf{x}, y)) \end{aligned}
$$

eine eindeutige primitiv-rekursive Funktion f definiert.

Beweis. Es ist wieder leicht einzusehen, daß *höchstens* eine Funktion durch Werteverlaufsrekursion aus g und h entsteht. Wir zeigen, daß eine solche Funktion f auch tatsächlich existiert und sogar primitiv-rekursiv ist.

Dazu führen wir zunächst eine Hilfsfunktion F durch das folgende Schema ein:

$$
\begin{aligned} F(\mathbf{x}, 0) &= \langle g(\mathbf{x}) \rangle \\ F(\mathbf{x}, y+1) &= F(\mathbf{x}, y) \cdot pr(y+2)^{h(\mathbf{x}, y, F(\mathbf{x}, y))}. \end{aligned}
$$

F ist offenbar primitiv-rekursiv. Damit ist dann auch die Funktion f primitiv-rekursiv, die definiert ist durch

$$
f(\mathbf{x}, y) := F(\mathbf{x}, y)[y+1].
$$

Wir zeigen durch Induktion über y, daß f die gesuchte Lösung der Rekursionsgleichung (3) ist. Als Hilfsbehauptung zeigen wir gleichzeitig, daß

$$
(4) \qquad F(\mathbf{x}, y) = f^*(\mathbf{x}, y).
$$

Für $y = 0$ gilt (3), da

$$
f(\mathbf{x}, 0) = F(\mathbf{x}, 0)[1] = \langle g(\mathbf{x}) \rangle [1] = g(\mathbf{x}).
$$

Damit können wir sofort (4) für $y = 0$ verifizieren durch

$$
F(\mathbf{x}, 0) = \langle g(\mathbf{x}) \rangle = f^*(\mathbf{x}, 0).
$$

Wir nehmen jetzt an, daß (3) und (4) für y gelten, und zeigen, daß sie dann auch für $y+1$ gelten. Nach der Induktionsvoraussetzung (4) über y erhalten wir zunächst (3) für $y+1$:

$$
\begin{aligned} f(\mathbf{x}, y+1) &= F(\mathbf{x}, y+1)[y+2] && \text{nach Def. von } f \\ &= h(\mathbf{x}, y, F(\mathbf{x}, y)) && \text{nach Def. von } F \\ &= h(\mathbf{x}, y, f^*(\mathbf{x}, y)) && \text{nach Ind.-Vor. (4) für } y. \end{aligned}
$$

Die Induktionsbehauptung (4) für $y+1$ folgt hieraus durch erneute Anwendung von (4) für y, denn es gilt:

$$\begin{aligned} F(\mathbf{x}, y+1) &= f^*(\mathbf{x}, y) \cdot pr(y+2)^{h(\mathbf{x}, y, f^*(\mathbf{x}, y))} && \text{nach Def. von } F \text{ und (4) für } y \\ &= f^*(\mathbf{x}, y) \cdot pr(y+2)^{f(\mathbf{x}, y+1)} && \text{nach (3) für } y+1 \\ &= f^*(\mathbf{x}, y+1) && \text{nach Def. von } f^*. \quad \square \end{aligned}$$

Beispiel 8.8. Die *Fibonacci-Funktion* φ ist definiert durch das Schema

$$\text{(5)} \qquad \varphi(n) = \begin{cases} 1, & \text{falls } n \leq 1 \\ \varphi(n \dot{-} 1) + \varphi(n \dot{-} 2), & \text{sonst}. \end{cases}$$

Wir zeigen durch Zurückführung auf PR14, daß φ primitiv-rekursiv ist. Dazu macht man sich zunächst klar, daß für die *Werteverlaufsfunktion* φ^* gilt:

$$\text{(6)} \quad \varphi(n \dot{-} 1) = \varphi^*(n \dot{-} 1)[n], \quad \varphi(n \dot{-} 2) = \varphi^*(n \dot{-} 1)[n \dot{-} 1].$$

Durch Einsetzen von (6) in die rechte Seite von (5) erhalten wir so das folgende äquivalente Definitionsschema für φ:

$$\text{(7)} \quad \varphi(n) = \begin{cases} 1, & \text{falls } n \leq 1 \\ \varphi^*(n \dot{-} 1)[n \dot{-} 1] + \varphi^*(n \dot{-} 1)[n], & \text{sonst}. \end{cases}$$

Die Rekursionsgleichung (7) läßt sich nun tatsächlich mühelos auf das Schema PR14 zurückführen.

Die Idee bei dem Fibonacci-Beispiel ist auch allgemein anwendbar. Durch die Werteverlaufsrekursion wird es möglich, bei der Einführung von primitiv-rekursiven Funktionen ohne Einschränkung auf beliebige Vorgängerwerte zurückzugreifen.

Es gilt also:

PR15 (Werteverlaufssatz). *Sei $f(\mathbf{x}, y)$ eine Funktion, die durch Rekursion aus primitiv-rekursiven Funktionen unter Verwendung beliebiger Vorgängerwerte $f(\mathbf{x}, z)$ mit $z < y$ hervorgeht. Dann ist f primitiv-rekursiv.*

Simultane Rekursion

Eine wichtige Folgerung aus dem Werteverlaufssatz PR15 ist, daß auch eine *Schar von Funktionen*, die durch wechselseitige Bezugnahme auf Vorgängerwerte rekursiv definiert wird, in der Klasse der primitiv-rekursiven Funktionen bleibt:

PR16 (Simultane Rekursion). *Seien $g_i(\mathbf{x})$ und $h_i(\mathbf{x}, y, z_1, \ldots, z_m)$, $1 \leq i \leq m$, primitiv-rekursiv. Dann existiert eine Schar von primitiv-rekursiven Funktionen $f_i(\mathbf{x}, y)$, $1 \leq i \leq m$, so daß für alle i gilt:*

$$\begin{aligned} f_i(\mathbf{x}, 0) &= g_i(\mathbf{x}) \\ f_i(\mathbf{x}, y+1) &= h_i(\mathbf{x}, y, f_1(\mathbf{x}, y), \ldots, f_m(\mathbf{x}, y))\,. \end{aligned} \tag{8}$$

Beweis. Wir führen eine Hilfsfunktion $F(\mathbf{x}, z)$ durch Werteverlaufsrekursion ein, aus der die f_i dann durch primitiv-rekursive Operationen hervorgehen. Dazu schreiben wir das Argument z in der Form $z = my + i$ mit $i < m$, wobei y und i durch die primitiv-rekursiven Funktionen $y = z \operatorname{div} m$ bzw. $i = z \bmod m$ berechnet werden, und betrachten die Rekursionsgleichung

$$(9) \quad F(\mathbf{x}, z) = F(\mathbf{x}, my + i) =$$

$$\begin{cases} g_{i+1}(\mathbf{x}), & \text{falls } y = 0 \\ h_{i+1}(\mathbf{x}, y \dot{-} 1, F(\mathbf{x}, m(y \dot{-} 1) + 0), \ldots, & \\ \qquad\qquad F(\mathbf{x}, m(y \dot{-} 1) + (m \dot{-} 1))), & \text{sonst}. \end{cases}$$

Auf der rechten Seite von (9) kommen als hintere Argumente von F nur Werte vor, die durch primitiv-rekursive Funktionen aus z hervorgehen und $< z$ sind. Nach PR15 ist somit durch (9) eine eindeutige primitiv-rekursive Funktion bestimmt.

Damit sind auch die Funktionen f_i primitiv-rekursiv, die aus F hervorgehen durch

$$f_i(\mathbf{x}, y) := F(\mathbf{x}, my + (i \dot{-} 1)), \quad i = 1, \ldots, m\,.$$

Es bleibt noch zu zeigen, daß die f_i eine Lösung von (8) bilden. Für $y = 0$ gilt nach Definition der f_i und F:

$$f_i(\mathbf{x}, 0) = F(\mathbf{x}, m0 + (i \dot{-} 1)) = g_i(\mathbf{x})\,.$$

Für Zahlen der Form $y + 1$ ergibt sich analog:

$$f_i(\mathbf{x}, y+1) = F(\mathbf{x}, m(y+1) + (i \dot{-} 1)) \text{ nach Def. von } f_i$$
$$= h_i(\mathbf{x}, y, F(\mathbf{x}, m\,y+0), \ldots, F(\mathbf{x}, m\,y + (m \dot{-} 1)))$$
$$\text{nach Def. von } F$$
$$= h_i(\mathbf{x}, y, f_1(\mathbf{x}, y), \ldots, f_m(\mathbf{x}, y)) \text{ nach Def. der } f_1, \ldots, f_m. \quad \square$$

Übung 8.9. Man zeige, daß das Schema der simultanen Rekursion auch dann zu primitiv-rekursiven Funktionen führt, wenn jeweils *beliebige* (und nicht nur *direkte*) Vorgängerwerte $f_j(\mathbf{x}, z)$, $z \leq y$, in die h_i eingesetzt werden dürfen.

Primitiv-rekursive Funktionen und For-Programme

Wir haben die primitiv-rekursiven Funktionen jetzt so weit entwickelt, daß wir die angekündigte Äquivalenz zwischen primitiv-rekursiven Funktionen und beschränkten Schleifen in Registermaschinen-Programmen beweisen können:

Theorem 8.10. *Eine Funktion f ist genau dann primitiv-rekursiv, wenn sie* **for**-*berechenbar ist.*

Beweis. „⇒". Durch Induktion über den Aufbau von f nach Definition 8.2.

Induktionsanfang. Für die Grundfunktionen in PR1 folgt die Behauptung unmittelbar mit Satz 6.3 (S. 54).

Induktionsschritt. Wenn f durch Einsetzung nach PR2 entsteht, folgt die Behauptung aus der Induktionsvoraussetzung über die h_i und g dann auch wieder durch Anwendung von Satz 6.3.

Es bleibt noch der Fall zu betrachten, daß f nach PR3 aus primitiv-rekursiven Funktionen $g(\mathbf{x})$ und $h(\mathbf{x}, y, z)$ entsteht, die nach Induktionsvoraussetzung **for**-berechenbar angenommen werden. Dann wird f durch das folgende **for**-Programm P berechnet:

```
Z := g(X1, ..., Xn); K := 0;
for Y do Z := h(X1, ..., Xn, K, Z); Inc(K) od;
RES := Z.
```

Durch Induktion über die Zahl der Schleifendurchläufe verifiziert man, daß Z nach $k \geq 0$ Wiederholungen den Wert $f(\mathbf{x}, k)$ hat. Die Schleife wird im ganzen y-mal durchlaufen, so daß RES schließlich den gesuchten Wert $f(\mathbf{x}, y)$ erhält.

„$\Leftarrow$". Analog zu Lemma 6.9 (S. 60). Sei $f = f_P^n$ durch ein **for**-Programm P berechenbar. Sei m eine obere Schranke für n und die in P vorkommenden Registerindizes. Für $i = 1, \ldots, m$ und Teilprogramme P' von P sei $f_{P',i}(x_1, \ldots, x_m)$ die Funktion, die die Wirkung von P' auf Register Nr. i berechnet.

Wir zeigen, daß für alle Teilprogramme P' und Register i gilt:

(10) $\qquad f_{P',i}$ ist primitiv-rekursiv.

Daraus folgt dann die Behauptung mit

$$f(x_1, \ldots, x_n) = f_{P,1}(x_1, \ldots, x_n, 0, \ldots, 0).$$

Es bleibt also noch (10) zu zeigen. Wir führen den Beweis durch *Induktion über den Aufbau von P'* nach Definition 2.2 (S. 10) unter Berücksichtigung der speziellen Voraussetzungen über **for**-Programme in M8 (S. 53).

Induktionsanfang. Falls $P' = \epsilon$, dann ist $f_{P',i} = \pi_i^m$, also eine primitiv-rekursive Grundfunktion.

Falls $P' = I_j$, gilt für $f_{P',i}$:

(11) $$f_{P',i}(\mathbf{x}) = \begin{cases} N(x_i), & \text{falls } i = j \\ x_i, & \text{sonst}. \end{cases}$$

In beiden Fällen ist $f_{P',i}$ offenbar primitiv-rekursiv.

Der Fall $P' = D_j$ ist analog, wobei in (11) nur die Nachfolgerfunktion N durch die Vorgängerfunktion V zu ersetzen ist. Nach PR7 ist V primitiv-rekursiv, so daß die Behauptung (10) auch in diesem Fall gilt.

Induktionsschritt. Wir betrachten zunächst den Fall, daß P' die Konkatenation $Q;R$ von zwei Programmen Q und R ist. Wir nehmen an, daß die Behauptung (10) für die $f_{Q,i}$ und $f_{R,j}$ gilt, und zeigen, daß sie dann auch für die $f_{P',i}$ gilt. Das folgt aber sofort mit PR2, denn wie im Beweis von Lemma 6.9 ist

$$f_{P',i}(\mathbf{x}) = f_{R,i}(f_{Q,1}(\mathbf{x}), \ldots, f_{Q,m}(\mathbf{x})), \quad i = 1, \ldots, m.$$

Es bleibt schließlich noch der Fall zu betrachten, daß P' die Form **for** R_j **do** S **od** für ein Programm S hat. Als schreibtechnische Vereinfachung nehmen wir $j = m$ an. Wiederum analog zu Lemma 6.9

macht man sich klar, daß die $f_{P',i}$ durch das folgende Schema der *simultanen Rekursion* eindeutig bestimmt sind:

$$f_{P',i}(\mathbf{x}, 0) = x_i$$
$$f_{P',i}(\mathbf{x}, y+1) = f_{S,i}(f_{P',1}(\mathbf{x}, y), \ldots, f_{P',m}(\mathbf{x}, y)) .$$

Daraus folgt die Behauptung (10) dann mit dem Satz über simultane Rekursion PR16 (S. 88). □

8.2 μ-rekursive Funktionen

In Kap. 6 haben wir gesehen, daß es berechenbare Funktionen gibt, die nicht-**for**-berechenbar sind. Aus Theorem 8.10 folgt daher, daß auch die Klasse der primitiv-rekursiven Funktionen nicht alle berechenbaren Funktionen umfaßt.[1] Wir zeigen in diesem Abschnitt, daß man aber durch Hinzunahme eines einzigen weiteren Operators, nämlich einer *unbeschränkten* Variante des μ-Operators aus PR11, tatsächlich zu einem vollständigen Erzeugendensystem aller berechenbaren Funktionen gelangt.

Die Idee dabei ist, für eine gegebene Funktion g sukzessive die Folge der Funktionswerte $g(\mathbf{x}, 0), g(\mathbf{x}, 1), g(\mathbf{x}, 2), \ldots$ zu berechnen, bis eine Nullstelle erreicht wird. Das Resultat ist nicht definiert, falls im Laufe dieses Prozesses ein $g(\mathbf{x}, i)$ nicht definiert ist oder falls keine Nullstelle existiert. Formal:

MR1. Für eine Funktion $g(\mathbf{x}, y)$ bezeichnet $\mu y(g(\mathbf{x}, y) = 0)$ die Funktion

$$f(\mathbf{x}) := \begin{cases} \min\{\, y \mid \forall z \le y : g(\mathbf{x}, z) \ne \bot \wedge g(\mathbf{x}, y) = 0 \,\}, & \text{falls diese Menge nicht leer ist} \\ \bot, & \text{sonst}. \end{cases}$$

Wir sagen, daß f aus g *durch Anwendung des μ-Operators entsteht.*

Abgesehen von dem unbeschränkten Suchraum, fällt ein weiterer Unterschied zwischen dem beschränkten und dem unbeschränkten μ-Operator auf: Der beschränkte wird auf *Prädikate* angewendet,

[1] Tatsächlich ist die in Abschn. 6.2 beschriebene Ackermann-Funktion ursprünglich im Zusammenhang mit primitiv-rekursiven Funktionen entwickelt worden.

während der unbeschränkte sich auf *Funktionen* bezieht. Nun kann aber die Suche nach der kleinsten erfüllenden Zahl y eines Prädikats $P(\mathbf{x}, y)$ offenbar auch als Suche nach der kleinsten Nullstelle der Funktion $1 \dot{-} \chi_P(\mathbf{x}, y)$ aufgefaßt werden, so daß auch in dieser Hinsicht der unbeschränkte μ-Operator als Verallgemeinerung des beschränkten angesehen werden kann.

Definition 8.11. Eine Funktion heißt *μ-rekursiv*, wenn sie durch iterierte Einsetzung PR2, primitive Rekursion PR3 und Anwendung des μ-Operators MR1 aus den Grundfunktionen PR1 gewonnen werden kann.

Nach Satz 8.3 sind primitiv-rekursive Funktionen stets total. Dagegen kommen unter den μ-rekursiven auch echt partielle Funktionen vor, zum Beispiel:

MR2. *Die Funktion $bot^n(\mathbf{x}) = \bot$ ist μ-rekursiv.*

Beweis. Es gilt: $bot^n(\mathbf{x}) = \mu y(C_1^n(\mathbf{x}) = 0)$. □

Bei der Erzeugung von μ-rekursiven Funktionen sind also die in PR2 und PR3 getroffenen Vereinbarungen über den Umgang mit Definitionslücken zu beachten; insbesondere erfordert der Nachweis, daß zwei μ-rekursive Funktionen gleich sind, auch die Feststellung der Übereinstimmung der Definitionsbereiche.

μ-rekursive Funktionen und Registermaschinen

Analog zu Theorem 8.10 zeigen wir jetzt, daß sich μ-rekursive Funktionen und allgemeine **while**-Schleifen entsprechen:

Theorem 8.12. *Eine Funktion f ist genau dann μ-rekursiv, wenn sie Registermaschinen-berechenbar ist.*

Beweis. „$\Rightarrow$“. Durch Induktion über den Aufbau von μ-rekursiven Funktionen nach PR1, PR2, PR3 und MR1.

Induktionsanfang. Die Grundfunktionen in PR1 sind offenbar RM-berechenbar.

Induktionsschritt. PR2. Wir betrachten zunächst den Fall, daß f aus einer Funktion g durch Einsetzung von Funktionen $h_1, \ldots, h_m$ entsteht. Nach Induktionsvoraussetzung seien g und die h_i bereits als

RM-berechenbar nachgewiesen. Ein Programm P, das f berechnet, kann dann analog zu R5 (S.20) formuliert werden. Das dabei verwendete Zuweisungs-Makro M3 (S. 19) gewährleistet, daß P genau dann divergiert, wenn $f(\mathbf{x}) = \bot$, so daß $f_P(\mathbf{x})$ und $f(\mathbf{x})$ tatsächlich für alle $\mathbf{x}$ übereinstimmen.

PR3. Die Funktion f entstehe durch primitive Rekursion aus Funktionen g und h, die nach Induktionsvoraussetzung RM-berechenbar angenommen werden. Dann wird f durch ein Programm berechnet, das wie das Programm P im Beweis von Theorem 8.10 auf S. 89 formuliert ist und auch wieder mit P bezeichnet wird. Da aber jetzt g und h nicht mehr notwendigerweise überall definiert sind, terminiert P möglicherweise nicht. Man macht sich aber leicht klar, daß P genau dann divergiert, wenn $f(\mathbf{x}) = \bot$. Es gilt also wie gefordert $f_P = f$.

MR1. Wir betrachten schließlich den Fall, daß f durch Anwendung des μ-Operators aus einer μ-rekursiven Funktion $g(\mathbf{x}, y)$ entsteht, die nach Induktionsvoraussetzung RM-berechenbar angenommen wird. Ein Programm P, das f berechnet, erhalten wir dann durch:

Y := 0; V := 1;
while V $\neq$ 0 **do** V := $g(\mathrm{X}_1, \ldots, \mathrm{X}_k, \mathrm{Y})$; *Inc*(Y) **od**;
RES := Y $\dot{-}$ 1.

In der Schleife prüft P die Funktionswerte $g(\mathbf{x}, y)$, $y \geq 0$, bis eine Nullstelle gefunden ist. Anschließend wird Y noch ein weiteres Mal inkrementiert, was aber in der Resultatzuweisung rückgängig gemacht wird. Eine nähere Analyse von MR1 (S. 91) und des Makros M3 in Kap. 3 (S. 19) zeigt, daß P genau dann terminiert, wenn $f(\mathbf{x}) \neq \bot$. Es folgt, daß $f_P = f$.

„$\Leftarrow$". Sei $f = f_P^n$ eine n-stellige, durch ein RM-Programm P berechnete Funktion. Zum Nachweis der μ-Rekursivität von f gehen wir von dem Programm P' aus, das im Zusammenhang mit der Kleeneschen Normalform in Satz 6.10 (S. 65) entwickelt wurde. Dieses Programm hat die Form

ZU := $\langle \mathrm{R}_1, \ldots, \mathrm{R}_n \rangle$;
PS := $\ulcorner P \urcorner$;
while PS > 1 **do** S **od**;
R_1 := ZU[1],

wobei im Schleifenkörper S nur beschränkte Schleifen vorkommen, S also ein **for**-Programm ist.

Wie im Beweis der „$\Leftarrow$"-Richtung in Theorem 8.10 (S. 90) folgt daraus, daß die Funktionen $f_{S,i}$, die die Wirkung von S auf die Register beschreiben, primitiv-rekursiv sind.

Man macht sich zudem leicht klar, daß die Wirkung von S tatsächlich nur vom Inhalt der beiden Register ZU und PS abhängt. Wir können daher ohne Beschränkung der Allgemeinheit annehmen, daß alle anderen Register bei Eintritt in S stets den Wert 0 enthalten.

Als schreibtechnische Vereinfachung nehmen wir an, daß ZU das Register Nr. 1 und PS das Register Nr. 2 bezeichnen.

Sei $g_{ZU}(\mathbf{x}, k)$ die Funktion, die für Eingaben $\mathbf{x}$ von P' den Inhalt von ZU nach k-maligem Durchlauf von S berechnet. Entsprechend sei $g_{PS}(\mathbf{x}, k)$ die Funktion, die den Inhalt von PS berechnet. Diese beiden Funktionen erfüllen dann das folgende System von simultanen Rekursionsgleichungen:

$$\begin{aligned} g_{ZU}(\mathbf{x}, 0) &= \langle x_1, \ldots, x_n \rangle \\ g_{PS}(\mathbf{x}, 0) &= \ulcorner P \urcorner , \\ g_{ZU}(\mathbf{x}, k+1) &= f_{S,1}(g_{ZU}(\mathbf{x}, k), g_{PS}(\mathbf{x}, k), 0, \ldots, 0) \\ g_{PS}(\mathbf{x}, k+1) &= f_{S,2}(g_{ZU}(\mathbf{x}, k), g_{PS}(\mathbf{x}, k), 0, \ldots, 0) . \end{aligned}$$

Mit dem Satz über simultane Rekursion PR16 (S. 88) folgt daraus, daß g_{ZU} und g_{PS} primitiv-rekursiv sind. (Man beachte, daß der Ausdruck $\ulcorner P \urcorner$ nicht als Variable, sondern als *konstanter* Wert eingeht und daher trivialerweise primitiv-rekursiv ist.)

P' terminiert, sobald PS = 1, also sobald $g_{PS}(\mathbf{x}, k) \dot{-} 1 = 0$. Nach dieser Zahl k von Durchläufen ist $g_{ZU}(\mathbf{x}, k)[1] = f(\mathbf{x})$. Es gilt also:

(1) $$f(\mathbf{x}) = g_{ZU}(\mathbf{x}, \mu k(g_{PS}(\mathbf{x}, k) \dot{-} 1 = 0))[1] .$$

Das ist nun die gesuchte μ-rekursive Darstellung von f, und damit ist der Beweis von Theorem 8.12 beendet. □

Folgerungen

Eine nähere Analyse des Beweises von Theorem 8.12 zeigt, daß – analog zu Satz 6.10 – zur Darstellung einer beliebigen μ-rekursiven Funktion bereits *eine* Anwendung des μ-Operators ausreicht:[2]

Satz 8.13 (Kleenesche Normalform für μ-rekursive Funktionen). *Zu jeder μ-rekursiven Funktion f einer Stelligkeit $n \geq 0$ existieren zwei $(n+1)$-stellige primitiv-rekursive Funktionen g und h, so daß*

$$f(\mathbf{x}) = h(\mathbf{x}, \mu k(g(\mathbf{x}, k) = 0)) .$$

Beweis. Durch Kettenschluß nach Theorem 8.12. Aus der „⇒"-Richtung folgt zunächst, daß f durch ein RM-Programm P berechnet wird. Aus der „⇐"-Richtung gewinnen wir dann ein zu P korrespondierendes Programm P', aus dem wir die Gleichung (1) für f erhalten. Mit

$$h(\mathbf{x}, y) := g_{ZU}(\mathbf{x}, y)[1] \quad \text{und} \quad g(\mathbf{x}, y) := g_{PS}(\mathbf{x}, y) \dot{-} 1$$

folgt jetzt die Behauptung. □

Eine weitere Konsequenz aus Theorem 8.12 ist, daß sich die Unentscheidbarkeitsresultate aus Kap. 7 von der Registermaschine auf die μ-rekursiven Funktionen übertragen. Wir überlassen die Präzisierung dem Leser als Übung:

Übung 8.14. Man formuliere und beweise eine Entsprechung

(i) zur Unentscheidbarkeit des Halteproblems (Theorem 7.5),
(ii) zum Satz von Rice (7.7)

für μ-rekursive Funktionen.

---
[2] Tatsächlich handelt es sich bei Satz 8.13 um die *ursprüngliche* Fassung der Kleeneschen Normalform.

9 Turing-Maschinen

Die bisher betrachteten Berechnungsmodelle – Registermaschine und rekursive Funktionen – beziehen sich auf Zahlen in abstrakter Form, nicht auf spezifische Darstellungen. Im Unterschied hierzu stellen wir jetzt mit der *Turing-Maschine*[1] ein Modell vor, das explizit auf der Verarbeitung von Zeichenketten beruht. Es zeigt sich, daß auch dieser Ansatz zu demselben Begriff der Berechenbarkeit führt.

Die Turing-Maschine verfügt über ein unbeschränktes, in *Felder* unterteiltes *Rechenband*. Jedes Feld enthält jeweils eines aus einer endlichen Menge von Symbolen. Zu jedem Zeitpunkt wird genau ein Feld, das *Arbeitsfeld*, von einem Lese-Schreib-Kopf, dem *Bandkopf*, bearbeitet. Die Maschine besitzt eine *Kontrolleinheit*, die sich jeweils in einem von endlich vielen *Zuständen* befindet. Das Verhalten der Maschine wird durch ein internes Programm bestimmt; in Abhängigkeit vom Zustand und der Inschrift des Arbeitsfeldes kann die Maschine

- das Symbol verändern,
- den Kopf ein Feld nach links oder rechts bewegen und
- in einen neuen Zustand übergehen.

Die Wirkungsweise der Turing-Maschine ist in Abb. 9.1 illustriert.

Man wird in der Literatur selten zwei genau übereinstimmende Definitionen der Turing-Maschine finden. Wir führen eine besonders einfache Variante ein, die speziell für die Präzisierung der Berechenbarkeit in den natürlichen Zahlen geeignet ist. Am Ende des Kapitels gehen wir kurz auf mögliche Erweiterungen des Basismodells ein.

---

[1] Die Turing-Maschine wurde 1936 von Alan Turing in dem Artikel *On Computable Numbers with an Application to the Entscheidungsproblem* eingeführt, zu einer Zeit, als die Verwendung von deutschen Begriffen in englischsprachigen Texten noch durchaus üblich war.

Abb. 9.1. Die Turing-Maschine liest im Zustand q das Symbol a im Arbeitsfeld (links), ersetzt es durch a', bewegt den Kopf ein Feld nach rechts und geht in den Folgezustand q' über (rechts).

9.1 Grundlegende Definitionen

Unsere Variante der Turing-Maschine hat ein *beidseitig unendliches Band*. Die Felder des Bandes können *leer* oder mit dem Symbol „ | " beschriftet sein. Wir verwenden das Symbol „ ⊔ " zur Bezeichnung des leeren Feldes.

Formal ist eine Turing-Maschine M ein Tupel (Q, δ, q_0, q_H), gekennzeichnet durch eine endliche Menge Q von *Zuständen*, unter denen insbesondere ein *Anfangszustand* q_0 und ein *Haltezustand* q_H vorkommen, sowie einer (totalen) *Übergangsfunktion*

$$\delta : (Q - \{q_H\}) \times \{|, \sqcup\} \to \{|, \sqcup\} \times \{L, R\} \times Q,$$

die das eigentliche Programm der Maschine darstellt. Die Übergangsfunktion legt fest, wie sich die Maschine verhält, wenn sie im Zustand q im Arbeitsfeld das Symbol a liest. (Die Symbole L und R stehen für *links* bzw. *rechts*.) Die Übergangsfunktion ist im Haltezustand q_H nicht definiert.

Turing-Maschinen werden üblicherweise durch ihre *Maschinentafel* angegeben, einer Matrix mit einer Zeile für jeden Zustand außer q_H und je einer Spalte für die Bandsymbole | und ⊔. Die Matrixeinträge bestehen aus den Werten (a', B, q') der $\delta(q, a)$ mit $B \in \{L, R\}$. Statt (a', B, q') schreiben wir einfach $a'\,B\,q'$, wobei wir meist sogar auf die Angabe von a' verzichten, wenn $a = a'$, d.h., wenn das Symbol nicht verändert wird.

Falls nicht anders erwähnt, ist der Anfangszustand immer durch seine Stellung in der ersten Zeile gekennzeichnet. Der Haltezustand geht in der Regel ebenfalls aus der Maschinentafel hervor, nämlich als derjenige Zustand, zu dem keine Zeile der Maschinentafel gehört. (Die einzige Ausnahme ist der Fall, daß der Haltezustand in keinem

Matrixeintrag vorkommt. Auch dann ist der Haltezustand jedoch bis auf den Namen des Elements eindeutig bestimmt.)

Beispiel 9.1. Eine Turing-Maschine M, gegeben durch ihre Maschinentafel:

	I	␣
q_0	$L\,q_0$	$R\,q_1$
q_1	$R\,q_1$	$\mathsf{I}\,L\,q_2$
q_2	$L\,q_2$	$L\,q_3$
q_3	$L\,q_3$	$R\,q_H$.

Eine *Konfiguration* ist eine Momentaufnahme des Gesamtzustands der Maschine. Sie umfaßt die *Bandinschrift*, die *Position des Kopfes* und den *Zustand der endlichen Kontrolle.*

Eine Konfiguration ist *zulässig*, wenn alle bis auf endlich viele Felder leer sind. Dann ist die gesamte Bandinschrift bereits durch die Angabe einer endlichen Folge aus den Bandsymbolen I und ␣ charakterisiert, die alle Vorkommen von I umfaßt. Wenn man eine solche Folge mit jeder um beliebig viele Leerzeichen links oder rechts verlängerten Folge identifiziert, ist eine zulässige Konfiguration eindeutig durch ein Tripel (v, q, w) bestimmt. Dabei bezeichnet q den Zustand der Kontrolle und $u = vw$ die Bandinschrift; v den Inhalt links vom Arbeitsfeld, w den rechten Teil einschließlich des Arbeitsfeldes.

Statt (v, q, w) schreiben wir Konfigurationen üblicherweise in der Form $K = vqw$.

Sei $a, b \in \{\mathsf{I}, \sqcup\}$, und seien v, w Zeichenketten über $\{\mathsf{I}, \sqcup\}$. Zu jeder Konfiguration $I = vbqaw$, in der $\delta(q, a) = (a', B, q')$ definiert ist, gibt es eine eindeutige *Folgekonfiguration* K, die bestimmt ist durch

$$K := \begin{cases} vq'ba'w, & \text{falls } B = L \\ vba'qw, & \text{falls } B = R\,. \end{cases}$$

Hierfür schreiben wir $I \vdash_M K$ oder einfach $I \vdash K$, wenn die Maschine M aus dem Zusammenhang klar ist.

Eine *Berechnung* ist eine (endliche oder unendliche) Konfigurationsfolge der Form

$$K_0 \vdash K_1 \vdash \cdots \vdash K_n \vdash \cdots,$$

bei der die *Anfangskonfiguration* K_0 die Form $q_0 w$ hat, also eine zulässige Konfiguration ist, bei der alle Felder links vom Arbeitsfeld leer sind. Mit K_0 sind offenbar auch alle Folgekonfigurationen K_n zulässig.

Falls K_n die Form $v q_H w$ hat, d.h., keine weitere Folgekonfiguration definiert ist, *terminiert* die Berechnung. Wir bezeichnen K_n dann als *Endkonfiguration*.

Beispiel 9.2. Die Konfigurationsfolge

$$q_0 \sqcup || \vdash q_1 || \vdash | q_1 | \vdash || q_1 \sqcup \vdash | q_2 || \vdash q_2 ||| \vdash$$
$$q_2 \sqcup ||| \vdash q_3 \sqcup\sqcup ||| \vdash q_H \sqcup |||$$

ist eine terminierende Berechnung der Maschine aus Beispiel 9.1.

Erweiterte Maschinentafeln

Die Namen der Zustände sind für das Verhalten der Turing-Maschine offensichtlich nicht entscheidend. Durch geeignete Umbenennung kann man daher leicht neue Maschinen aus bereits vorhandenen zusammensetzen. Die Methode sei an einem Beispiel illustriert:

Beispiel 9.3. Sei M eine Turing-Maschine. Dann ist durch die *Makro*-Tafel

	$\|$	$\sqcup$
s_0	$M: s_1$	
s_1	$M: s_2$	
s_2	$R\,q_H$	$R\,q_H$

eine (bis auf die Namen der Zustände) eindeutige Maschine wie folgt definiert: Die s_0-Zeile steht für die gesamte Maschinentafel von M, wobei aber der Anfangszustand von M in s_0 und der Haltezustand in s_1 umbenannt ist. Entsprechend steht in der folgenden Zeile s_1 für den Anfangs- und s_2 für den Haltezustand der zweiten Kopie von M. Die weiteren Zustände der beiden Exemplare werden als disjunkt und verschieden von den übrigen in der Tafel vorkommenden Zuständen (hier nur q_H) angenommen.

Turing-berechenbare Funktionen

Die Berechnung von arithmetischen Funktionen mit Turing-Maschinen setzt eine geeignete Zahlendarstellung voraus. Wir wählen dazu die einfachste Variante, bei der eine Zahl *unär* durch eine Folge von Strichen repräsentiert wird. Um Verwechslungen zwischen dem leeren Feld und der Zahl 0 zu vermeiden, stellen wir eine Zahl n durch eine Folge von $n+1$ Strichen dar. Wir schreiben hierfür kurz $\overline{n}$, so daß also $\overline{0} = |$, $\overline{1} = ||$ und $\overline{2} = |||$ usw.

Definition 9.4. Analog zu Registermaschinen-Programmen bestimmt eine Turing-Maschine M für jede Stelligkeit $n \geq 0$ eine eindeutige n-stellige (im allgemeinen partielle) Funktion $f_M = f_M^n$ durch:

$$f_M^n(x_1, \ldots, x_n) := \begin{cases} y, & \text{falls } q_0 \sqcup \overline{x}_1 \sqcup \overline{x}_2 \sqcup \cdots \sqcup \overline{x}_n \vdash_M \cdots \\ & \qquad\qquad \vdash_M v q_H \sqcup \overline{y} \sqcup w \\ \bot, & \text{sonst}. \end{cases}$$

Die Argumente liegen, jeweils durch ein Leerzeichen getrennt, auf dem sonst leeren Band vor. M wird mit dem Kopf auf dem leeren Feld vor dem ersten Argument gestartet. Die Berechnung ist ordnungsgemäß beendet, wenn die Maschine im Haltezustand auf einem Leerfeld vor einer Folge $\overline{y}$ von Strichen (begrenzt durch das nächste Leerzeichen) stehenbleibt. Die Zahl y stellt dann das Resultat der Berechnung dar. Der übrige Bandinhalt, ausgedrückt durch die Zeichenfolgen v und w, spielt dabei keine Rolle. Falls M nicht hält oder aber nicht auf einem Leerfeld vor einem Strich stehenbleibt, ist der Funktionswert nicht definiert.

Definition 9.5. Eine n-stellige Funktion f, $n \geq 0$, heißt *Turing-berechenbar*, falls eine Turing-Maschine M existiert, so daß $f = f_M^n$.

Beispiel 9.6. Die Nachfolgerfunktion $N(x) = x + 1$ ist Turing-berechenbar: Für die Maschine M aus Beispiel 9.1 gilt $N(x) = f_M^1(x)$. Die Konfigurationsfolge aus Beispiel 9.2 stellt die Berechnung von $N(1) = 2$ dar.

Beispiel 9.7. Die Addition ist Turing-berechenbar. Wir bekommen $x + y = f_M^2(x, y)$ mit der Turing-Maschine M, die durch die folgende Maschinentafel gegeben ist:

	I	␣
q_0	$\sqcup R q_1$	$R q_0$
q_1	$R q_1$	$\mid L q_2$
q_2	$L q_2$	$R q_3$
q_3	$\sqcup L q_3$	$R q_H$.

Angesetzt auf $\sqcup \overline{x} \sqcup \overline{y}$ ersetzt M zunächst das erste I von $\overline{x}$ durch $\sqcup$, geht dann im Zustand q_1 nach rechts bis zum Leerzeichen unmittelbar vor $\overline{y}$ und überschreibt dieses durch I. Gesteuert durch den Zustand q_2, bewegt sie dann den Kopf auf das links-äußerste I und geht in den Zustand q_3 über. Sie löscht den Strich und bleibt schließlich in der Endkonfiguration $q_H \sqcup \overline{x+y}$ stehen.

9.2 Äquivalenz von Turing- und Registermaschinen

Wir kommen zum Hauptresultat dieses Kapitels. Wir zeigen, daß die Turing-Maschine bezüglich der Berechnung von Funktionen gleichmächtig zur Registermaschine (und damit nach Theorem 8.12 (S. 92) auch zur μ-Rekursion) ist.

Bemerkung 9.8. Um mögliche Begriffsverwirrungen zu vermeiden, betonen wir, daß eine Turing-Maschine immer ein *festes* Programm beinhaltet, während die Registermaschine *beliebige* Programme ausführen kann. Die eigentliche Entsprechung besteht somit zwischen Turing-*Maschine* auf der einen und Registermaschinen-*Programm* auf der anderen Seite. Ein weiterer Unterschied ist: Bei der Turing-Maschine bezieht sich der *Zustand* auf die endliche Kontrolle, bei der Registermaschine beschreibt er dagegen den Inhalt der Register. Der Zustand der Registermaschine entspricht also eher dem Bandinhalt der Turing-Maschine.

Theorem 9.9. *Eine Funktion f ist genau dann Turing-berechenbar, wenn sie Registermaschinen-berechenbar ist.*

Beweis. „$\Rightarrow$". Sei $f = f_M^n$, $n \geq 0$, durch eine Turing-Maschine M berechenbar. Wir können ohne Einschränkung der Allgemeinheit annehmen, daß die Zustandsmenge von M aus den Zahlen $0, \ldots, m$ mit 0 als Anfangs- und m als Haltezustand besteht.

Wir zeigen, daß f Registermaschinen-berechenbar ist. Dazu konstruieren wir ein RM-Programm P, das die Berechnung von f durch M simuliert, so daß

(1) $$f_P^n = f_M^n \, .$$

Der Kern von P besteht aus einer **case**-Anweisung, in der die Zeilen i der Maschinentafel von M durch korrespondierende Programmstücke Q_i nachgebildet werden.

Dazu legen wir zunächst eine geeignete Registermaschinen-Darstellung der Konfigurationen von M fest:

Zustände sind nach Voraussetzung spezielle Zahlen und können in dieser Form in einem Register Q gespeichert werden.

Der *Bandinhalt* wird auf zwei Register LB und RB verteilt, in denen die Symbolfolge der linken bzw. rechten Bandhälfte (bezogen auf die Position des Bandkopfes) als Produkt von Primzahlpotenzen kodiert wird. Das Bandsymbol I stellen wir durch den Exponenten 2 dar, während das Leerzeichen durch 0 *oder* 1 kodiert wird; die 1 bezeichnet ein Leerfeld auf dem bereits bearbeiteten Teil des Bandes, die 0 dagegen ein Feld, das noch nicht betreten wurde. (Diese Unterscheidung hat folgenden Grund: Einerseits dürfen in der Kodierung nur endlich viele Exponenten von 0 verschieden sein, andererseits benutzen wir zur Dekodierung die in Kap. 4 beschriebene Funktion *tail*, die sich aber nur für solche Argumente ordnungsgemäß verhält, die keine Lücke in der Primfaktorfolge aufweisen.)

Man beachte insbesondere, daß in dieser Darstellung das Arbeitsfeld jeweils gerade dem Listenanfang *head*(RB) entspricht.

Illustration. Sei M die Maschine aus Beispiel 9.2. Der Bandinhalt der Anfangskonfiguration $q_0 \sqcup$ I I wird durch LB = $\langle 0 \rangle = 1$ und RB = $\langle 1, 2, 2 \rangle$, der Bandinhalt der Folgekonfiguration durch LB = $\langle 1 \rangle$ und RB = $\langle 2, 2 \rangle$ kodiert.

Wir kommen zum Aufbau des Simulationsprogramms:

Beschreiben des Arbeitsfeldes wird durch die Anweisungen *Schreibe*(I) und *Schreibe*($\sqcup$) simuliert, die definiert sind durch

$$\text{RB} := \langle 2 \rangle \circ \mathit{tail}(\text{RB}) \quad \text{bzw.} \quad \text{RB} := \langle 1 \rangle \circ \mathit{tail}(\text{RB}) \, ,$$

wobei $\circ$ den Konkatenationsoperator G4 aus Kap. 4 (S. 34) bezeichnet.

Bewegungen des Bandkopfes werden durch Umschichtung des ersten Elements zwischen den Bandhälften LB und RB dargestellt.

Dabei ist auch der Fall zu berücksichtigen, daß ein noch nicht bearbeitetes Feld betreten wird.

Bewegen nach links wird durch die folgende Anweisungsfolge *Links* simuliert:

if $head(\mathrm{LB}) \neq 0$
  then RB := $\langle head(\mathrm{LB})\rangle \circ$ RB;
    LB := $tail(\mathrm{LB})$
  else RB := $\langle 1\rangle \circ$ RB **fi**.

Dual dazu bezeichne *Rechts* die Anweisungsfolge, die die Bewegung des Bandkopfes nach rechts simuliert.

Mit *Schreibe*(|), *Schreibe*(␣), *Links* und *Rechts* kann jetzt tatsächlich jede Zeile i der Maschinentafel von M durch ein entsprechendes Programmstück Q_i nachgebildet werden. Die Methode sei am Beispiel der q_0-Zeile der Maschine aus Beispiel 9.1 erläutert. Wir erhalten:

Q_0 = **if** $head(\mathrm{RB}) = 2$
  then *Schreibe*(|); *Rechts*; Q := 1
  else *Schreibe*(|); *Links*; Q := 2 **fi**.

Für das gesuchte Simulationsprogramm werden außerdem noch benötigt:

- ein Programm *Initialisiere*, das die Inhalte der Argumentregister $\mathrm{R}_1, \ldots, \mathrm{R}_n$ in die Anfangskonfiguration der (simulierten) Turing-Maschine überträgt,
- ein Programm *Dekodiere*, das umgekehrt den Funktionswert vom Turing-Band in das Resultatregister R_1 überträgt.

Wir definieren *Initialisiere* durch

LB := 1; RB := 1; K := 1;
$P_1; \ldots; P_n$,

wobei die P_i, $1 \leq i \leq n$, gegeben sind durch

P_i = RB := RB $\cdot\, pr(\mathrm{K})$; $Inc(\mathrm{K})$;
  while $\mathrm{R}_i > 0$ **do**
    RB := RB $\cdot\, pr(\mathrm{K})^2$;
    $Inc(\mathrm{K})$; $Dec(\mathrm{R}_i)$
  od.

Illustration. Die Wirkungsweise macht man sich am besten an einem Beispiel klar: Sei etwa $n = 3$ und $R_1 = 2, R_2 = 1, R_3 = 0$. Dann enthält RB nach Ablauf von *Initialisiere* den Wert $\langle 1, 2, 2, 2, 1, 2, 2, 1, 2 \rangle$.

Sei *Divergiere* die Endlosschleife **while** 0 = 0 **do od**. Dann definieren wir *Dekodiere* durch

if RB[1] = 2 ∨ RB[2] ≠ 2 **then** *Divergiere* **fi**;
R_1 := 0; K := 3;
while RB[K] = 2 **do** *Inc*(R_1); *Inc*(K) **od**.

Die **if**-Anweisung in der ersten Zeile sorgt dafür, daß *Dekodiere* divergiert, wenn *M* nicht auf einem Leerfeld unmittelbar vor einem Strich stehenbleibt. (Nach Definition 9.4 ist der Funktionswert in diesem Fall ja nicht definiert.) In der Schleife wird das Resultatregister R_1 so oft inkrementiert, wie die Länge des ersten Blocks von l'en in RB, vermindert um 1, angibt; *Dekodiere* übersetzt also gerade das Resultat der Turing-Berechnung aus der Unärdarstellung in den Zahlenwert.

Damit können wir jetzt das vollständige Simulationsprogramm *P* folgendermaßen aufbauen:

Initialisiere;
Q := 0;
while Q ≠ *m* **do**
  case Q **of** 0: Q_0; … ; $m-1$: Q_{m-1} **esac**
od;
Dekodiere.

Man überzeugt sich leicht davon, daß die aus *P* hervorgehende Funktion f_P^n für dieselben Argumente definiert ist wie f_M^n und für diese dann auch jeweils denselben Funktionswert liefert. Damit ist (1) bewiesen.

„⇐". Sei umgekehrt $f = f_P^n$, $n \geq 0$, eine durch ein RM-Programm *P* berechnete *n*-stellige Funktion. Wir zeigen, daß eine Turing-Maschine *M* existiert, die die Ausführung von *P* auf Eingaben der Stelligkeit *n* simuliert, so daß

(2) $$f_M^n = f_P^n \, .$$

Als erstes brauchen wir eine Turing-Darstellung der Registermaschinen-Zustände, wobei wir aber nur die in der Berechnung tatsächlich verwendeten Register beachten müssen: Sei m eine obere Schranke für n und die in P vorkommenden Registerindizes. Die Registerinhalte x_i der R_i, $1 \leq i \leq m$, werden dann durch die Zeichenkette $\overline{x}_1 \sqcup \overline{x}_2 \sqcup \cdots \sqcup \overline{x}_m$ auf dem Band dargestellt, die unär kodierten Werte also jeweils durch ein Leerfeld voneinander getrennt.

Der Kern des Beweises besteht nun darin, für jedes Teilprogramm P' von P eine Turing-Maschine $M_{P'}$ nach der folgenden Spezifikation zu konstruieren:

- $M_{P'}$ wird in einer Anfangskonfiguration gestartet, in der das Band nur die kodierten Registerinhalte enthält und der Bandkopf auf dem leeren Feld unmittelbar davor steht.
- $M_{P'}$ simuliert dann die Wirkung von P' auf die Register und
- kehrt anschließend in die Ausgangsposition zurück, wobei die Bandinschrift in der Endkonfiguration wieder nur aus den kodierten Registerinhalten besteht.

Für die Konstruktion benötigen wir die Hilfsmaschinen $\mathcal{L}$, $\mathcal{R}$ und S_i, $i \geq 1$, die durch die Tafeln in Abb. 9.2 definiert sind.

$\mathcal{L}$	$\mid$	$\sqcup$
q_0	$L\,q_0$	$L\,q_1$
q_1	$L\,q_0$	$R\,q_H$

$\mathcal{R}$	$\mid$	$\sqcup$
q_0	$R\,q_0$	$R\,q_1$
q_1	$R\,q_0$	$L\,q_H$

S_i	$\mid$	$\sqcup$
q_0	$\bullet$	$R\,q_1$
q_1	$R\,q_1$	$R\,q_2$
...	...	...
q_{i-1}	$R\,q_{i-1}$	$R\,q_i$

Abb. 9.2. Hilfsmaschinen $\mathcal{L}$ (links), $\mathcal{R}$ (mitte) und S_i (rechts).

$\mathcal{L}$ und $\mathcal{R}$ bewegen, angesetzt auf ein beliebiges Symbol innerhalb von $\overline{x}_1 \sqcup \overline{x}_2 \sqcup \cdots \sqcup \overline{x}_m$, den Kopf auf das Feld links bzw. rechts von der Bandinschrift. Die Maschine S_i sucht, angesetzt auf das leere Feld vor $\overline{x}_1$, das erste $\mid$ von $\overline{x}_i$ und geht dann in den Haltezustand q_i über. Das Symbol $\bullet$ steht für einen beliebigen Eintrag, auf den es aber nicht ankommt.

Wir konstruieren jetzt die $M_{P'}$ induktiv über den Programmaufbau nach Definition 2.2 (S. 10):

Induktionsanfang. Nach P1 sind drei Fälle zu unterscheiden.

1. Fall: $P' = \epsilon$. Die leere Anweisung wird durch eine Maschine $M_{P'}$ simuliert, bei der der Anfangszustand zugleich der Haltezustand ist, die Maschine sich also gar nicht bewegt.

2. Fall: $P' = I_i, 1 \leq i \leq m$. Die Anweisung $P' = I_i$ wird durch die Maschine $M_{P'}$ simuliert, die durch die Tafel in Abb. 9.3 links gegeben ist.

	I	⊔
s_0	$\mathcal{S}_i : s_i$	
s_i	$R\,s_i$	$\mathrm{I}\,R\,r$
r	$\sqcup\,R\,r'$	$L\,z$
r'	$R\,r'$	$\mathrm{I}\,R\,r$
z	$\mathcal{L} : q_H$	

	I	⊔
s_0	$\mathcal{S}_i : s_i$	
s_i	$R\,t$	•
t	$R\,t'$	$L\,z$
t'	$R\,t'$	$L\,u$
u	$\sqcup\,R\,u$	$R\,v$
v	$\mathcal{R} : v'$	
v'	•	$L\,l$
l	$\sqcup\,L\,l'$	$L\,z$
l'	$L\,l'$	$\mathrm{I}\,L\,l$
z	$\mathcal{L} : q_H$	

Abb. 9.3. Turing-Maschinen zur Simulation von I_i (links) und D_i (rechts). Die zusätzlich eingezeichneten Linien dienen nur der besseren Übersicht.

$M_{P'}$ sucht zunächst den Anfang von $\overline{x}_i$, geht dann an das Ende dieses Blocks und fügt einen Strich hinzu. Gesteuert durch die Zeilen r und r' werden anschließend alle Register rechts von Block i um ein Feld weiter nach rechts verschoben, wodurch das trennende Leerfeld zwischen den Blöcken i und $i + 1$ wiederhergestellt wird. Am Ende angelangt (gekennzeichnet durch zwei aufeinanderfolgende leere Felder), kehrt die Maschine in die Ausgangsposition zurück und hält.

3. Fall: $P' = D_i, 1 \leq i \leq m$. Die Anweisung $P' = D_i$ wird durch die Maschine $M_{P'}$ simuliert, die durch die Tafel in Abb. 9.3 rechts definiert ist. Wie eben wird zunächst der Kopf an den Anfang von $\overline{x}_i$ bewegt. In den Zeilen s_i bis u wird geprüft, ob $\overline{x}_i$ aus mehr als einem Strich besteht, also ob $x_i \neq 0$. Falls $\overline{x}_i = \mathrm{I}$, wird durch Sprung zu Zeile z der Rücklauf eingeleitet. Andernfalls bewirkt Zeile u, daß der letzte Strich von $\overline{x}_i$ gelöscht wird. Anschließend geht die Maschine an das Ende des letzten Registers und verschiebt, gesteuert durch die Zeilen l und l', fortlaufend alle Blöcke um ein Feld nach links, bis die Doppellücke zwischen den Blöcken i und $i + 1$ beseitigt ist. Die Rückkehr zum Ausgangspunkt erfolgt nun wieder wie im Fall $P' = I_i$.

Induktionsschritt. Wir betrachten die Konkatenation P2 und die Schleife P3.

Konkatenation. Das Programm P' habe die Form $Q;R$ für zwei Programme Q und R. Nach Induktionsvoraussetzung nehmen wir an, daß Maschinen M_Q und M_R mit der gewünschten Wirkung bereits vorliegen. Die Maschine $M_{P'}$ kann dann durch die Tafel in Abb. 9.4 links definiert werden.

	|	␣
q_0	$M_Q{:}q_1$	
q_1	$M_R{:}q_H$	

	|	␣
s_0	$S_i{:}s_i$	
s_i	$\vert R t$	$\bullet$
t	$L q_{\neq}$	$L q_{=}$
$q_{\neq}$	$\mathcal{L}{:}q_S$	
q_S	$M_S{:}s_0$	
$q_{=}$	$\mathcal{L}{:}q_H$	

Abb. 9.4. Simulation von $Q;R$ (links) und **while** $\mathrm{R}_i > 0$ **do** S **od** (rechts).

Schleife. P' habe schließlich die Form **while** $\mathrm{R}_i > 0$ **do** S **od** für ein Programm S. Nach Induktionsvoraussetzung nehmen wir an, daß die Maschine M_S mit der gewünschten Wirkung bereits vorliegt. Eine Maschine $M_{P'}$, die die Wirkung von P' simuliert, kann dann ausgehend von M_S durch die Tafel in Abb. 9.4 rechts definiert werden.

$M_{P'}$ prüft, ob $\overline{x}_i$ eine Zahl größer als 0 kodiert, merkt sich das Resultat im Zustand $q_{\neq}$ bzw. $q_{=}$, kehrt in die Ausgangsposition zurück und startet M_S bzw. hält. Nach Beendigung von M_S wird $M_{P'}$ erneut gestartet.

Damit ist der Aufbau der $M_{P'}$ beendet.

Wir betrachten jetzt speziell die Maschine M_P, die die Wirkung des *Gesamtprogramms* P auf die Register simuliert. Sie hat schon die wesentlichen Eigenschaften der gesuchten Maschine M; wir müssen nur noch dafür sorgen, daß vor dem Start von M_P die zusätzlichen Register $n+1, \ldots, m$ auf dem Band eingerichtet und mit dem Wert 0 initialisiert werden, die Eingabe also um eine entsprechende Folge von einzelnen Strichen verlängert wird, die jeweils durch ein Leerfeld voneinander getrennt sind.

Die vollständige Maschine M ist in Abb. 9.5 rechts dargestellt. Neben M_P und den in Abb. 9.2 eingeführten Maschinen $\mathcal{L}$ und $\mathcal{R}$ enthält sie noch die Maschine $\mathcal{I}$, die durch Abb. 9.5 links gegeben ist.

M arbeitet folgendermaßen: Angesetzt auf $\sqcup \overline{x}_1 \sqcup \cdots \sqcup \overline{x}_n$ sucht zunächst $\mathcal{R}$ das Ende der Eingabe, worauf durch wiederholte Anwendung von $\mathcal{I}$ die restlichen benötigten Register initialisiert werden. Gesteuert durch $\mathcal{L}$ geht M dann zum Ausgangspunkt zurück und startet mit M_P die Simulation von P.

$\mathcal{I}$	$\mid$	$\sqcup$
q_0	$\bullet$	$R\,q_1$
q_1	$\bullet$	$\mid R\,q_H$

M	$\mid$	$\sqcup$
q_0	$\mathcal{R}: q_{n+1}$	
q_{n+1}	$\mathcal{I}: q_{n+2}$	
$\dots$	$\dots$	
q_m	$\mathcal{I}: q_{m+1}$	
q_{m+1}	$\mathcal{L}: s_0$	
s_0	$M_P: q_H$	

Abb. 9.5. Hilfsmaschine $\mathcal{I}$ (links), Maschine M zur Berechnung von f (rechts).

M hält offenbar genau dann, wenn das RM-Programm P terminiert. In diesem Fall hat die Endkonfiguration sogar immer die spezielle Form

$$q_H \sqcup \overline{y}_1 \sqcup \cdots \sqcup \overline{y}_m\,.$$

Nach Definition 9.4 und 2.8 (S. 15) folgt daher, daß die von M und P berechneten Funktionen f^n_M und f^n_P für dieselben Argumente definiert sind. Zudem ist nach Konstruktion von M_P klar, daß dann auch jeweils die Funktionswerte übereinstimmen. Damit ist die Behauptung (2) und daher auch Theorem 9.9 bewiesen. □

Folgerungen

Eine nähere Analyse der „$\Leftarrow$“-Richtung im Beweis von Theorem 9.9 zeigt, daß die Maschine M nur ein einziges weiteres Feld links vom Startfeld benutzt. Mit der Aussage des Theorems folgt daraus durch Kettenschluß (vgl. den Beweis von Satz 8.13 (S. 95)):

Satz 9.10. *Die Berechnungsmächtigkeit der Turing-Maschinen wird nicht eingeschränkt, wenn nur einseitig unendliche Rechenbänder zugelassen werden.*

Der Beweis von Theorem 9.9 ist *konstruktiv* in dem Sinn, daß er ein effektives algorithmisches Verfahren liefert, mit dem sich Registermaschinen-Programme und Turing-Maschinen ineinander überführen lassen. Wir benötigen später die wichtige Folgerung aus dieser Tatsache, daß das *Halteproblem für Turing-Maschinen (TM-HAP)* unentscheidbar ist. Wir formulieren die Behauptung in Worten und überlassen die Präzisierung dem Leser:

Satz 9.11 (TM-HAP-Theorem). *Es existiert kein allgemeines Verfahren, mit dem man feststellen kann, ob eine Turing-Maschine M für eine Eingabe w hält.*

Beweis. Durch Reduktion des Halteproblems für Registermaschinen. Die Übersetzung von RM-Programmen in Turing-Maschinen im Beweis von Theorem 9.9 zeigt, daß das TM-HAP mindestens ebenso schwer lösbar ist wie das HAP. Die Behauptung folgt dann aus dem HAP-Theorem 7.5. □

Auch der Satz von Rice 7.7 (S. 73) läßt sich mit Theorem 9.9 übertragen:

Übung 9.12. Man formuliere und beweise den Satz von Rice für Turing-berechenbare Funktionen.

Aus dem Aufzählungstheorem in Kap. 5 können wir mit Theorem 9.9 schließlich noch die Existenz von sogenannten universellen Turing-Maschinen folgern:

Übung 9.13. Eine Turing-Maschine M_n heißt *universell* für die Stelligkeit n, wenn zu jeder n-stelligen Turing-berechenbaren Funktion f eine Zahl i existiert, so daß M, angesetzt auf das $(n+1)$-Tupel $i, x_1, \ldots, x_n$, den Funktionswert $f(x_1, \ldots, x_n)$ berechnet. Man zeige, daß für jede Stelligkeit $n \geq 1$ eine universelle Turing-Maschine M_n existiert.

9.3 Allgemeine Turing-Maschinen

In vielen Anwendungen werden Turing-Maschinen mit Eingabealphabeten benötigt, die nicht nur aus dem einen Symbol I bestehen. Oft ist es auch nützlich, wenn die Maschine zusätzlich zu den Eingabesymbolen noch über weitere Bandsymbole verfügt. Schließlich wird bei der Übergangsfunktion häufig der Verbleib des Bandkopfes an der gegenwärtigen Position erlaubt.

Eine Turing-Maschine, die diesen allgemeineren Forderungen genügt, kann durch ein Tupel der Form

$$M = (Q, \Sigma, \Gamma, \sqcup, \delta, q_0, q_H)$$

spezifiziert werden. Dabei bezeichnet Γ das endliche *Bandalphabet*, das alle Symbole umfaßt, die auf dem Band vorkommen können. Γ enthält insbesondere ein Symbol $\sqcup$ zur Kennzeichnung von Leerfeldern. Das *Eingabealphabet* Σ ist eine Teilmenge von $\Gamma - \{\sqcup\}$, es enthält die Zeichen, die für Anfangsbeschriftungen auf dem Band zulässig sind; zusätzlich zu den Elementen von Σ dürfen Eingaben nur das Leerzeichen enthalten. Die Übergangsfunktion hat die Form

$$\delta : (Q - \{q_H\}) \times \Gamma \to \Gamma \times \{L, N, R\} \times Q\,,$$

wobei das Symbol N für *nicht bewegen* steht. Der weitere Aufbau, insbesondere die Definition von *Konfiguration* und *Berechnung* ergibt sich kanonisch, wobei bei der *Folgekonfiguration* nur darauf zu achten ist, daß jetzt noch ein dritter Fall eintreten kann: Falls $\delta(q, a) = (a', N, q')$, ist die Folgekonfiguration einer Konfiguration $I = vbqaw$ durch $K = vbq'a'w$ bestimmt.

Eine nähere Analyse des Beweises von Theorem 9.9 zeigt, daß auch jede verallgemeinerte Turing-Maschine durch ein geeignetes Registermaschinen-Programm simulierbar ist. Es folgt, daß die algorithmische Leistungsfähigkeit der Turing-Maschinen durch die erweiterten Möglichkeiten nicht erhöht wird.

10 Berechenbarkeit, Entscheidbarkeit, Aufzählbarkeit

In Kap. 8 und 9 haben wir zwei alternative Modelle vorgestellt, die häufig zur Präzisierung der Berechenbarkeit herangezogen werden. Es zeigte sich, daß beide Ansätze – μ-rekursive Funktionen und Turing-Maschinen – zu derselben Berechnungsmächtigkeit wie die Registermaschine führen. Die Äquivalenz der Modelle untereinander legt es nahe, von der Betrachtung spezieller Modell überhaupt abzusehen und die Berechenbarkeit von einem abstrakteren Standpunkt aus zu erörtern.

Dies wird im vorliegenden Kapitel in Abschn. 10.1 näher erläutert und begründet. Wir erweitern dann den ursprünglich für Zahlen formulierten Berechenbarkeitsbegriff systematisch auf Funktionen, die Zeichenreihen als Argumente und Werte haben. In Abschn. 10.2 entwickeln wir aus der Berechenbarkeit den Begriff der algorithmischen *Entscheidbarkeit.* In Abschn. 10.3 schließlich untersuchen wir die Begriffe *Semi-Entscheidbarkeit* und *Aufzählbarkeit,* die sich auf algorithmische Verifizierbarkeit bzw. kalkülmäßige Erzeugbarkeit beziehen.

10.1 Berechenbarkeit und die Churchsche These

Jede Registermaschinen-berechenbare Funktion ist sicherlich im intuitiven Sinn berechenbar. Ist aber auch umgekehrt jede intuitiv berechenbare Funktion Registermaschinen-berechenbar, oder kann man sich Berechnungsverfahren vorstellen, die nicht durch Registermaschinen ausführbar sind?

Zumindest für Funktionen, die natürliche Zahlen als Argumente und Werte haben, haben wir deutliche Hinweise dafür, daß der Begriff der Berechenbarkeit durch die Registermaschine erschöpfend präzisiert wird:

• Wir haben explizit gezeigt, daß eine Vielzahl der in der Praxis vorkommenden Funktionen RM-berechenbar ist.
• Weiterhin haben wir gesehen, daß weder Rekursion noch indirekte Adressierung zu einer größeren Berechnungsmächtigkeit führt.
• Die Feststellung, daß rekursive Funktionen und Turing-Maschinen zu derselben Klasse von berechenbaren Funktionen führen, ist ein weiteres gewichtiges Indiz.
• Es kommt hinzu, daß keine einzige Präzisierung der Berechenbarkeit bekannt ist, die über die RM-Berechenbarkeit hinausgeht.

Tatsächlich wird die folgende 1936 von ALONZO CHURCH aufgestellte These heute von den meisten Mathematikern und Informatikern anerkannt:

Churchsche These. *Jede im intuitiven Sinn berechenbare Funktion im Bereich der natürlichen Zahlen ist Registermaschinen-berechenbar.*[1]

Die Churchsche These ist *kein Satz* im mathematischen Verstand, da für die Übereinstimmung zwischen einem formalen und einem intuitiven Begriff naturgemäß kein Beweis möglich ist. Sie ist vielleicht eher den Erkenntnissen der Naturwissenschaften vergleichbar, die ebenfalls allein aufgrund einer großen Zahl von empirischen Beobachtungen anerkannt werden.

Die Churchsche These gestattet es, Berechenbarkeitsaussagen ohne Bezug auf ein konkretes Modell zu formulieren. (Dadurch erhält insbesondere die in Kap. 2 getroffene Vereinbarung 2.12, die Abkürzung *berechenbar* für *Registermaschinen-berechenbar* zu verwenden, eine allgemeine Berechtigung.) Eine solche Verwendung dient aber nur der bequemen Beweisführung, die Churchsche These kann dabei stets durch einen strengen Beweis in einem geeigneten Modell ersetzt werden.

Wofür die Churchsche These dagegen entscheidend benötigt wird, ist die Charakterisierung der *Grenzen der algorithmischen Berechenbarkeit*, da nur auf Grundlage der Churchschen These aus der Tatsache, daß ein Problem in einem *speziellen* Berechenbarkeitsmodell nicht lösbar ist, gefolgert werden kann, daß es *allgemein* keinen Lösungsalgorithmus gibt.

---

[1] Traditionell wird die These meist für Turing-Maschinen oder rekursive Funktionen formuliert, was aber wegen der Äquivalenz der Modelle untereinander dieselbe Aussage beinhaltet.

Beispiel 10.1. Wir haben in Kap. 7 gezeigt, daß die Funktion *sap*, die die Terminierung von RM-Programmen prüft, nicht *durch Registermaschinen-Programme* berechenbar ist.[2] Mit der Churchschen These folgt, daß sie überhaupt nicht algorithmisch berechenbar ist. Dasselbe gilt für die Funktionen *halt* und die im Satz von Rice betrachteten charakteristischen Funktionen χ_F.

Alphabete und Wortmengen

Bisher haben wir den Begriff der Berechenbarkeit formal nur für Funktionen definiert, die natürliche Zahlen als Argumente und Werte haben. Wir wollen ihn jetzt systematisch auf Aufgabenstellungen übertragen, bei denen es um die Veränderung von Symbolfolgen geht. Die Verbindung zur Berechenbarkeit in den natürlichen Zahlen wird durch die in Kap. 4 eingeführte Methode der Gödelisierung hergestellt.

Wir gehen in der formalen Entwicklung immer davon aus, daß es für jeden Algorithmus eine endliche Menge von Symbolen gibt, aus denen sich Argumente und Werte zusammensetzen. Dies erfordert es, unendliche Symbolmengen zunächst auf endliche zurückzuführen, was aber meist schon durch explizite Zeichenkettendarstellung von Indizes – und Zahlen im allgemeinen – erreicht wird.

Beispiel 10.2. Bei dem Halteproblem der Registermaschine ist die Bezugsmenge die Menge der Zeichenketten, die aus den unendlich vielen Symbolen I_i, D_i, T_i, $i \geq 1$, und E gebildet werden. Zu einer endlichen Darstellung gelangt man beispielsweise durch Binärkodierung der Indizes, so daß etwa die Elementar-Operation I_5 durch die Symbolfolge $I101$ repräsentiert wird. Damit kann in der formalen Betrachtung $\Sigma = \{0, 1, I, D, T, E\}$ als zugrunde liegende Symbolmenge angenommen werden.

Eine endliche Menge Σ von Symbolen nennen wir *Alphabet*, eine endliche Zeichenkette, gebildet aus Symbolen in Σ, heißt *Wort* über Σ. Mit Σ^* bezeichnen wir die Menge der Wörter über Σ.

---

[2] Es liegt in der Natur der Sache, daß Diagonalisierungsbeweise immer zu Aussagen der folgenden Form führen: Das Problem *X* für das Berechenbarkeitsmodell *Y* ist nicht durch *Y* selbst lösbar.

Das folgende Beispiel zeigt, wie die Präzisierung von intuitiv formulierten algorithmischen Aufgabenstellungen zur Berechnung von Funktionen über Wortmengen führt:

Beispiel 10.3. In der Aussagenlogik werden häufig *Wahrheitstafeln* betrachtet, die den Wahrheitswerteverlauf einer Formel φ abhängig von den Werten der Variablen darstellen.

Für $\varphi_1 = p \wedge \neg q$, $\varphi_2 = p \vee \neg(p \vee q)$ und $\varphi_3 = p \wedge \neg(p \vee q)$ erhalten wir beispielsweise die folgenden Wahrheitstafeln:

p	q	φ_1
f	f	f
f	w	f
w	f	w
w	w	f

p	q	φ_2
f	f	w
f	w	w
w	f	w
w	w	w

p	q	φ_3
f	f	f
f	w	f
w	f	f
w	w	f,

wobei die Symbole w und f für die Werte *wahr* bzw. *falsch* stehen.

Die Wahrheitstafel einer Formel kann durch sukzessive Auswertung der Teilformeln erzeugt werden. Wir gehen auf die Details nicht näher ein, sondern beschränken uns darauf anzudeuten, wie Formeln und Wahrheitstafeln als Wörter über geeigneten Alphabeten kodiert werden können.

Die Grundsymbole der Aussagenlogik bestehen aus einer unendlichen Menge $p_1, p_2, p_3, \ldots$ von Aussagenvariablen, den Junktoren $\wedge$, $\vee$ und $\neg$ sowie den Klammersymbolen (und). Wir identifizieren p_i mit der Binärdarstellung der Zahl i. Eine Formel kann dann als Zeichenreihe über dem Alphabet $\Sigma = \{0, 1, \wedge, \vee, \neg, (,)\}$ aufgefaßt werden; z.B. wird die oben eingeführte Formel φ_1 für $p = p_3$ und $q = p_5$ durch die Symbolfolge $11 \wedge \neg 101$ dargestellt.

Wir stellen Wahrheitstafeln durch Symbolfolgen über einem Alphabet Γ dar, das Σ umfaßt und zusätzlich die Symbole w und f und ein Trennzeichen # enthält. Damit erhalten wir für die Wahrheitstafel der Formel $\varphi_1 = p_3 \wedge \neg p_5$ die folgende Darstellung

$$w_1 = 11\#101\#11\wedge\neg 101\#\mathsf{fff}\#\mathsf{fwf}\#\mathsf{wfw}\#\mathsf{wwf}\,.$$

Die Funktion $f\colon \Sigma^* \to \Gamma^*$, die allgemein einer beliebigen Formel φ nach diesem Verfahren die zugehörige Wahrheitstafel $w = f(\varphi)$ zuordnet, ist sicherlich intuitiv berechenbar. Für Zeichenketten v, die keine Formel kodieren, definieren wir $f(v)$ durch einen beliebigen, aber festen Sonderwert, etwa $f(v) := \#$.

Wir kehren zur allgemeinen Betrachtung zurück. Eine Funktion auf einer Wortmenge ist im *intuitiven* Sinn berechenbar, wenn ein effektiv ausführbares Verfahren existiert, das für jedes Argument aus dem Definitionsbereich in endlich vielen Schritten den zugehörigen Wert liefert. *Formal* wird die Berechenbarkeit auf Wortmengen durch die in Kap. 4 beschriebene Methode der *Gödelisierung* auf die Registermaschinen-Berechenbarkeit zurückgeführt.

Dazu ordnet man wieder jedem Symbol eine beliebige, aber eindeutige Symbolnummer[3] zu und verknüpft diese zu Gödelnummern. Die Gödelnummer eines Wortes w wird wieder mit $\ulcorner w \urcorner$ bezeichnet.

Definition 10.4. Seien Σ und Γ Alphabete. Eine (möglicherweise partielle) Funktion $f \colon \Sigma^* \to \Gamma^*$ heißt *berechenbar*, wenn die Funktion $f' \colon \mathbf{N} \to \mathbf{N}$ berechenbar ist, die gegeben ist durch

$$f'(p) := \begin{cases} \ulcorner f(w) \urcorner, & \text{falls } p = \ulcorner w \urcorner \text{ für ein } w \in \Sigma^* \\ 0, & \text{sonst}. \end{cases}$$

Insbesondere wird $f'(p) = \perp$ vereinbart, falls $f(w)$ undefiniert ist.

Die allgemeine Churchsche These

Eine alternative Methode, Berechenbarkeit auf Wortmengen zu präzisieren, basiert auf der Turing-Maschine. Wir können eine Funktion $f \colon \Sigma^* \to \Gamma^*$ *Turing-berechenbar* nennen, wenn eine Turing-Maschine existiert, die, angesetzt auf ein Wort w, für das $f(w)$ definiert ist, nach endlich vielen Schritten auf einem leeren Feld vor der Zeichenkette $f(w)$ stehenbleibt. Falls $f(w)$ nicht definiert ist, soll die Maschine divergieren.

Dieser Ansatz führt aber zu derselben Klasse von berechenbaren Funktionen, da nach Theorem 9.9 das Verhalten von Turing- und Registermaschinen gegenseitig simulierbar ist. Es besteht daher keine Notwendigkeit, den Begriff der Turing-Berechenbarkeit von dem allgemeinen Begriff der Berechenbarkeit zu unterscheiden.

In der Praxis *identifizieren* wir Gödelnummern und Zeichenketten und nehmen dann in jedem Fall an, daß Zeichenketten-Algorithmen direkt auf der Symbolebene wirken.

[3] Man beachte, daß wir es im Unterschied zu Kap. 4 jetzt nur mit *endlichen* Symbolmengen zu tun haben.

Meist gehen wir in der Abstraktion sogar einen Schritt weiter und formulieren algorithmische Aufgabenstellungen nur intuitiv, ohne Bezug auf irgendeine konkrete Darstellung. Als Rechtfertigung dient dabei die folgende offensichtliche Variante der Churchschen These:

Churchsche These (Allgemeine Fassung). *Jeder intuitiv formulierte Algorithmus kann durch ein Registermaschinen-Programm (oder äquivalent: durch eine Turing-Maschine) dargestellt werden.*

10.2 Entscheidbarkeit

Bei der Formulierung des Halteproblems in Kap. 7 haben wir den Begriff *Entscheidbarkeit* bereits informell verwendet. Er soll jetzt durch Zurückführung auf die Berechenbarkeit formal präzisiert werden. Dabei betrachten wir *Zahlenmengen*, *Wortmengen* und schließlich *Entscheidungsprobleme* allgemein.

Sei M eine Menge und A eine Teilmenge von M. Intuitiv ist eine *Entscheidungsmethode für A in M* ein Verfahren, das für $x \in M$ in endlich vielen Schritten prüft, ob $x \in A$. Das *Entscheidungsproblem für A in M* ist die Angabe einer Entscheidungsmethode oder der Nachweis, daß eine solche nicht existiert. Im ersten Fall ist A entscheidbar, sonst unentscheidbar (jeweils relativ zu M).

Wir nehmen in der formalen Diskussion immer an, daß die Bezugsmenge M eine der folgenden beiden Formen hat:

- $M \subseteq \mathbf{N}^n$ für ein festes $n \geq 1$ oder
- $M \subseteq \Sigma^*$ für ein Alphabet Σ,

wobei M auch eine *echte* Teilmenge von $\mathbf{N}^n$ bzw. Σ^* sein darf.

Der Begriff der Entscheidbarkeit wird dann mit Hilfe von zweiwertigen *charakteristischen Funktionen* auf den Begriff der Berechenbarkeit zurückgeführt:

Definition 10.5.

(i) Eine Menge $A \subseteq M$ heißt *entscheidbar bezüglich M*, falls die (totale) charakteristische Funktion $\chi_A \colon M \to \{0, 1\}$ berechenbar ist, die gegeben ist durch

$$\chi_A(x) := \begin{cases} 1, & \text{falls } x \in A \\ 0, & \text{falls } x \in M - A\,. \end{cases}$$

(ii) A heißt *entscheidbar*, wenn sie bezogen auf die Gesamtmenge der in Frage kommenden Elemente (also auf $M = \mathbf{N}^n$ bzw. $M = \Sigma^*$) entscheidbar ist. Zur Vermeidung von Verwechslungen sagt man hierfür gelegentlich auch *absolut entscheidbar.*

(iii) Wir nennen ein *Problem* entscheidbar, wenn es in einer geeignet gewählten Kodierung über einer Zahlen- oder Wortmenge entscheidbar ist.[4]

Aus Definition 10.5 folgt sofort die wichtige Tatsache, daß die Klasse der entscheidbaren Mengen unter Booleschen Operationen abgeschlossen ist:

Satz 10.6. *Falls A und B in M entscheidbar sind, dann auch*

$$M - A, \quad A \cup B \quad \textit{und} \quad A \cap B\,.$$

Beweis. Mit χ_A und χ_B sind ebenfalls berechenbar:

$$1 \dot{-} \chi_A, \quad \chi_A \cdot \chi_B \quad \text{und} \quad 1 \dot{-} (1 \dot{-} \chi_A)(1 \dot{-} \chi_B)\,,$$

wobei Multiplikation und Differenz von Funktionen wie üblich komponentenweise definiert ist. □

Beispiele

Wir illustrieren den Entscheidbarkeitsbegriff für *Zahlenmengen*, Eigenschaften von *Registermaschinen-Programmen* und *allgemeine Zeichenkettenverarbeitung*.

Beispiel 10.7 (*Zahlenmengen*).

(i) Die Menge der Primzahlen *Prim* ist entscheidbar. Die charakteristische Funktion $\chi_{Prim}(x)$ wird durch das folgende RM Programm (vgl. R12 in Kap. 3, S. 28) berechnet:

```
PR := 1; T := 2;
while T < X do
   if X mod T = 0 then PR := 0 fi;
   Inc(T) od;
RES := PR.
```

[4] Man beachte, daß ein Problem bezüglich einer bestimmten Kodierung entscheidbar, aber bezüglich einer anderen unentscheidbar sein kann. Praktisch entsteht daraus keine Schwierigkeit, da sich in der Regel alle „natürlichen“ Darstellungen konstruktiv ineinander überführen lassen.

(ii) Die Relationen <, >, ≤, ≥, = und ≠ über **N** sind entscheidbar. Es gilt:

$$\chi_<(x,y) = 1 \dot{-} (y \dot{-} x), \qquad \chi_= = \chi_\leq \cdot \chi_\geq,$$
$$\chi_\leq(x,y) = 1 \dot{-} \chi_<(y,x), \qquad \chi_\neq = 1 \dot{-} \chi_=.$$

Beispiel 10.8 (*Registermaschinen-Programme*).

(i) Die Menge G der Gödelnummern von RM-Programmen ist entscheidbar; die in G5 (Kap. 4, S. 35) definierte Funktion *legal* ist gerade die charakteristische Funktion von G.

(ii) Die Menge $S := \{p \mid sap(p) = 1\}$ der Gödelnummern von Programmen, die für ihre eigene Gödelnummer terminieren, ist nach dem SAP-Lemma 7.2 nicht entscheidbar.

(iii) Sei $f_0, f_1, f_2, \ldots$ die Aufzählung aller einstelligen berechenbaren Funktionen nach Theorem 5.2. Dann sind nicht entscheidbar:
- die Menge $D := \{i \mid f_i(i) \neq \bot\}$ der Indizes der Funktionen, die für ihre eigene Indexnummer definiert sind,
- die Komplementmenge $\overline{D} := \{i \mid f_i(i) = \bot\}$.

Beide Aussagen folgen ebenfalls aus dem SAP-Lemma.

(iv) Die Menge $T^n := \{i \mid f_i^n \text{ ist total}\}$ der Indizes der totalen berechenbaren Funktionen einer Stelligkeit $n \geq 0$ ist nach dem Satz von Rice unentscheidbar. Man beachte, daß die Menge D aus (iii) in T^1 enthalten ist und bezüglich dieser Obermenge trivialerweise entscheidbar ist.

Das folgende Beispiel illustriert eine Besonderheit, die bei der Kodierung von Problemstellungen durch Zeichenketten zu beachten ist:

Beispiel 10.9. Das *Erfüllbarkeitsproblem der Aussagenlogik* ist die Frage, ob eine beliebige Formel eine erfüllende Belegung besitzt. Das Erfüllbarkeitsproblem ist entscheidbar; es reicht zu prüfen, ob das Symbol w in der letzten Spalte der Wahrheitstafel vorkommt.

Illustration. In Beispiel 10.3 sind φ_1 und φ_2 erfüllbar, φ_3 dagegen nicht.

Formal ist dieses Verfahren nur für Zeichenketten definiert, die tatsächlich Formeln sind; Zeichenketten, die keine Formeln darstellen, wie etwa $p \neg q$, werden von vornherein von der weiteren Überprüfung ausgeschlossen. Wenn *Fml* die Menge der Formeln, *Erf* die Menge der erfüllbaren Formeln bezeichnet, ist das Erfüllbarkeitsproblem also eigentlich die Frage nach einer Entscheidungsmethode für

Erf in *Fml*, das aber mit dem Entscheidungsproblem für *Erf* in Σ^* identifiziert wird.

Die in Beispiel 10.9 illustrierte Identifizierung der kodierten Probleminstanzen mit der gesamten Bezugsmenge (Σ^* oder **N**) ist üblich und unproblematisch, solange die Überprüfung, ob ein Wert überhaupt eine Probleminstanz kodiert, als trivial angesehen werden kann. Es gilt nämlich:

Satz 10.10. *Sei $A \subseteq B \subseteq M$ und B bezüglich M entscheidbar. Dann ist A bezüglich B entscheidbar genau dann, wenn A bezüglich M entscheidbar ist.*

Beweis. Dem Leser als Übung überlassen. □

Beispiel 10.11 (Fortsetzung von Beispiel 10.8).

(i) Bei der Selbstanwendbarkeitsfunktion *sap* hatten wir $sap(p) = 0$ insbesondere für solche Zahlen *p* festgelegt, die nicht Gödelnummern von Programmen sind. Da aber für das Selbstanwendbarkeitsproblem nur echte Gödelnummern von Interesse sind, ist die *eigentliche* Aussage des SAP-Lemmas, daß *S nicht bezüglich G entscheidbar* ist. Das Entscheidungsproblem für *G* in **N** wird dabei implizit als lösbar unterstellt. Wie in Beispiel 10.8(i) gezeigt, ist diese Annahme auch tatsächlich gerechtfertigt.
(ii) Seien *D* und T^1 die in 10.8(iii) und (iv) eingeführten Mengen. Dann ist *D* in T^1 entscheidbar, aber beide sind nicht in **N** entscheidbar.

10.3 Semi-Entscheidbarkeit und Aufzählbarkeit

Ein Problem ist unentscheidbar, falls es keinen Algorithmus gibt, der *feststellt, ob* eine Eigenschaft zutrifft. Für viele Probleme, für die kein Entscheidungsalgorithmus existiert, gibt es aber zumindest einen Algorithmus, der, *falls* die gesuchte Eigenschaft gilt, dies auch *bestätigt.* Zur Präzisierung führen wir den Begriff der *Semi-Entscheidbarkeit* ein. Wir zeigen dann, daß die Semi-Entscheidbarkeit äquivalent zu einem weiteren wichtigen Begriff ist, nämlich der *Aufzählbarkeit*, die die Idee der kalkülmäßigen Erzeugung präzisiert.

Semi-Entscheidbarkeit

Intuitiv nennen wir eine Menge A semi-entscheidbar in einer Obermenge M, wenn es einen Algorithmus gibt, der für $x \in M$ nach endlich vielen Schritten eine Bestätigung liefert, falls tatsächlich $x \in A$. Im Unterschied zu Entscheidungsverfahren braucht ein solcher Verifikations-Algorithmus aber nicht für Eingaben zu terminieren, die nicht in A enthalten sind.

In der formalen Argumentation nehmen wir auch weiterhin an, daß M immer eine Menge ist, für die entweder

- $M \subseteq \mathbf{N}^n$ für ein festes $n \geq 1$ oder
- $M \subseteq \Sigma^*$ für ein Alphabet Σ gilt.

Definition 10.12. Eine Menge $A \subseteq M$ heißt *semi-entscheidbar bezüglich* M, falls eine (im allgemeinen partielle) berechenbare Funktion $\psi_A : M \to \{0, 1\}$ existiert, so daß

$$\psi_A(x) = 1 \quad \text{genau dann, wenn} \quad x \in A .$$

Falls $x \notin A$, ist $\psi_A(x)$ entweder undefiniert oder hat den Wert 0. Die Vereinbarungen über die Bezugsmenge M aus Definition 10.5 werden sinngemäß übernommen.

Beispiel 10.13.

(i) Das Halteproblem der Registermaschine ist semi-entscheidbar: Eine Semi-Entscheidungsfunktion $\psi_H(p, x)$ für die Menge $H := \{(p, x) \mid halt(p, x) = 1\}$ wird durch das Programm berechnet, das aus dem universellen Interpreter U^1 im Aufzählungstheorem 5.2 (S. 40) entsteht, wenn dort die Resultatzuweisung (7) durch die Zuweisung $R_1 := 1$ ersetzt wird.

(ii) Aus (i) folgt insbesondere, daß auch das Selbstanwendbarkeitsproblem semi-entscheidbar ist.

Der folgende Satz zeigt, daß die Semi-Entscheidbarkeit tatsächlich eine Abschwächung der Entscheidbarkeit beinhaltet:

Satz 10.14. *Jede entscheidbare Menge ist auch semi-entscheidbar.*

Beweis. Jede charakteristische Funktion χ_A nach Definition 10.5 erfüllt insbesondere die Bedingung in Definition 10.12. □

Aus dem HAP-Theorem 7.5 und Beispiel 10.13 geht hervor, daß die Umkehrung nicht richtig ist. Es gilt aber:

Satz 10.15. *Eine Menge $A \subseteq M$ ist genau dann entscheidbar, wenn sowohl A als auch $\overline{A} = M - A$ semi-entscheidbar sind.*

Beweis. „$\Rightarrow$". Mit den Sätzen 10.6 und 10.14.

„$\Leftarrow$" (Skizze). Wir betrachten den Fall $M = \mathbf{N}^n$. Die Verallgemeinerung auf $M \subseteq \mathbf{N}^n$ und $M \subseteq \Sigma^*$ sei dem Leser überlassen. Seien P und $\overline{P}$ Registermaschinen-Programme, die Semi-Entscheidungsfunktionen ψ_A und $\psi_{\overline{A}}$ für A bzw. $\overline{A}$ berechnen. Man konstruiert nun ein RM-Programm Q, das für $k = 1, 2, 3, \ldots$ abwechselnd die Ausführung von P und $\overline{P}$ für jeweils k Schritte simuliert, bis eines der beiden Programme mit dem Resultat 1 hält. Je nachdem, ob es P oder $\overline{P}$ war, soll Q das Resultat 1 bzw. 0 ausgeben. (Formal entsteht Q wieder durch Modifikation des universellen Interpreters U^n aus dem Aufzählungstheorem 5.2.) Durch $A \cup \overline{A} = M$ ist gewährleistet, daß Q stets terminiert. □

Satz 10.15 kann in vielen Fällen zum Nachweis der *Nicht*-Semi-Entscheidbarkeit verwendet werden:

Beispiel 10.16.

(i) Die Menge $D = \{i \mid f(i) \neq \bot\}$ aus Beispiel 10.8(iii) ist nicht entscheidbar, wohl aber semi-entscheidbar, wie in Beispiel 10.13 gezeigt wurde. Mit Satz 10.15 folgt daher, daß die Komplementmenge $\overline{D}$ nicht semi-entscheidbar ist.

(ii) Für Leser, die mit der Prädikatenlogik vertraut sind, erwähnen wir, daß das Unerfüllbarkeitsproblem der Prädikatenlogik *unentscheidbar*, aber *semi-entscheidbar* ist. Es folgt, daß das komplementäre Erfüllbarkeitsproblem nicht einmal semi-entscheidbar ist. Wir gehen in Kap. 12 näher darauf ein.

Aufzählbarkeit

Intuitiv ist eine Menge aufzählbar, wenn sich ihre Elemente effektiv in eine Reihenfolge bringen lassen. Formal wird der Begriff der Aufzählbarkeit wieder durch Zurückführung auf die Berechenbarkeit präzisiert. Wir betrachten dabei *Zahlenmengen*, *Wortmengen* und durch Zeichenketten *kodierbare* Mengen allgemein.

Definition 10.17. Sei $M = \mathbf{N}$ oder $M = \Sigma^*$ für ein Alphabet Σ. Eine Menge $A \subseteq M$ heißt *aufzählbar*, falls eine totale berechenbare Funktion $f: \mathbf{N} \to M$ existiert, so daß A der Wertebereich $ran(f) = \{f(n) \mid n \in \mathbf{N}\}$ von f ist. Zusätzlich vereinbaren wir, daß die leere Menge aufzählbar sein soll.

Man beachte, daß Entscheidbarkeit und Semi-Entscheidbarkeit durch Funktionen charakterisiert wird, die die Bezugsmenge M als *Definitions*bereich haben, während Aufzählbarkeit umgekehrt durch Funktionen mit der Bezugsmenge als *Werte*bereich präzisiert wird. Das ist auch der Grund dafür, daß in Definition 10.17 ausgeschlossen wird, daß M eine *echte* Teilmenge von $\mathbf{N}$ bzw. Σ^* ist.

Der Begriff der Aufzählbarkeit wird dagegen häufig auch für *Relationen*, also für Teilmengen von $\mathbf{N}^n$ mit $n > 1$ eingeführt. Eine n-stellige Relation R heißt dann *aufzählbar*, wenn es berechenbare *Komponentenfunktionen* $f_i: \mathbf{N} \to \mathbf{N}$, $1 \leq i \leq n$, gibt, so daß $R = \{(f_1(x), \ldots, f_n(x)) \mid x \in \mathbf{N}\}$. Diese Erweiterung wird im folgenden jedoch nicht benötigt.

Beispiel 10.18.

(i) Die Menge der Primzahlen wird durch die Funktion $pr(x+1)$ aufgezählt. Der Term „+1" ist notwendig, da $pr(0) = 1$ keine Primzahl ist.

(ii) Die Menge, die nur aus der Zahl 0 besteht, wird durch die Konstantenfunktion C_0^1 aufgezählt.

Beispiel 10.19. Wir haben in Beispiel 10.8(iv) gesehen, daß die Menge $T = T^1 = \{i \in \mathbf{N} \mid f_i: \mathbf{N} \to \mathbf{N} \text{ ist total}\}$ nicht entscheidbar ist. Wir zeigen, daß sie auch nicht aufzählbar ist. Dazu nehmen wir an, es gäbe eine totale berechenbare Funktion g mit $ran(g) = T$, und führen diese Annahme zum Widerspruch: Mit g wäre auch die Funktion $f(i) := f_{g(i)}(i) + 1$ total und berechenbar. Durch Diagonalisierung folgt aber, daß f nicht in der Aufzählung der f_k vorkommt, es gilt also im Widerspruch zur Annahme $ran(g) \neq T$.

Beispiel 10.20. Für ein Symbol a bezeichne a^n, $n \geq 0$, die Zeichenkette, die aus n Vorkommen von a besteht, insbesondere ist a^0 die leere Zeichenkette ϵ. Die Menge der Wörter $\{a^n b^n \mid n \geq 0\}$ über dem Alphabet $\Sigma = \{a, b\}$ wird durch die Funktion $f(n) := a^n b^n$ aufgezählt. f ist offensichtlich berechenbar.

Die folgenden beiden Beispiele befassen sich mit formalen Sprachen bzw. Prädikatenlogik. Leser, die damit nicht vertraut sind, können sie beim ersten Lesen ohne Nachteile für das Folgende übergehen. (Die Grundbegriffe werden in Kap. 12 und 13 näher erläutert.)

Beispiel 10.21. Wir zeigen, daß jede durch eine sogenannte *Regelgrammatik* erzeugte Sprache aufzählbar ist.

Dabei besteht eine *Grammatik* G aus einer endlichen Menge von *Nicht-Terminal-Symbolen* N, einem *terminalen Alphabet* Σ, so daß $\Sigma \cap N = \emptyset$, einem *Startsymbol* $S \in N$ und einer endlichen Menge P von *Produktionen* $\alpha \to \beta$ mit $\alpha, \beta \in (N \cup \Sigma)^*$, wobei in α mindestens ein Nicht-Terminal vorkommt.

Ein Wort $w \in \Sigma^*$ ist aus G *ableitbar*, wenn es eine endliche Folge $\gamma_0, \gamma_1, \ldots, \gamma_n$ von Zeichenreihen über $N \cup \Sigma$ gibt, so daß $\gamma_0 = S$, $\gamma_n = w$ und für i = 1, ..., n gilt: γ_i entsteht aus γ_{i-1} durch Ersetzen der linken Seite einer Produktion aus P durch die rechte. Die von G erzeugte *Sprache* L ist die Menge aller ableitbaren Wörter.

Illustration. Die Sprache $\{a^n b^n \mid n \geq 0\}$ aus Beispiel 10.20 wird durch die Grammatik G mit $N = \{S\}$, $\Sigma = \{a, b\}$, $P = \{S \to aSb,\ S \to \epsilon\}$ und dem Startsymbol S erzeugt.

Wir behaupten, daß jede so definierte Sprache L aufzählbar ist. Falls $L = \emptyset$, gilt dies nach Definition. Andernfalls wählen wir ein beliebiges, aber festes Wort w_0 aus L. Da die Menge der Produktionen endlich ist, gibt es für $n = 1, 2, 3, \ldots$ jeweils nur endlich viele Ableitungen $H_{n,1}, \ldots, H_{n,k_n}$ der Länge n. Sei $\gamma_{n,i}$ das letzte Glied von $H_{n,i}$. Dann ist die Folge

$$\mathcal{F} := \gamma_{1,1}, \ldots, \gamma_{1,k_1}, \ldots, \gamma_{n,1}, \ldots, \gamma_{n,k_n}, \ldots$$

sicherlich konstruktiv erzeugbar. Eine berechenbare Funktion f, die L aufzählt, kann jetzt induktiv aus $\mathcal{F}$ gewonnen werden, indem man als nächsten Funktionswert $f(i)$ jeweils das erste noch nicht betrachtete Folgenglied γ selbst nimmt, falls $\gamma \in \Sigma^*$, und $f(i) = w_0$ sonst.

Beispiel 10.22. Die Menge der gültigen Sätze der Prädikatenlogik (der ersten Stufe) ist aufzählbar. Dies kann man sich folgendermaßen klarmachen: Nach dem *Gödelschen Vollständigkeitssatz* gibt es ein System von Axiomen und Regeln, aus dem sich genau alle gültigen Sätze herleiten lassen. Es reicht also zu zeigen, daß die Menge der *herleitbaren* Sätze aufzählbar ist. Das läßt sich nun im Prinzip mit derselben Idee wie in Beispiel 10.21 nachweisen, wobei allerdings zu berücksichtigen ist, daß der prädikatenlogische Kalkül *unendlich* viele Axiome und Regeln umfaßt. Bei der Konstruktion der Aufzählung kann daher nicht einfach die Länge der Herleitung als Ordnungsmerkmal verwendet werden. Stattdessen kann man aber z.B. die Herleitungen nach der Anzahl der vorkommenden Symbole ordnen. Die Details seien dem Leser überlassen.

Bemerkung 10.23. Gelegentlich kommt es zu Verwechslungen zwischen den Begriffen *aufzählbar* und *abzählbar*. Wir deuten den Unterschied kurz an: Eine Menge ist *abzählbar*, wenn sie der Wertebereich einer beliebigen – nicht notwendigerweise berechenbaren – Funktion mit natürlichen Zahlen als Argumenten ist, sonst *überabzählbar*. Jede aufzählbare Menge ist also insbesondere abzählbar.

Die Umkehrung ist jedoch nicht richtig, wie man sich mit einem einfachen *Mächtigkeitsargument* klarmacht: $\mathbf{N}$ (und genauso Σ^*, falls $\Sigma \neq \emptyset$) besitzt überabzählbar viele Teilmengen (das kann man analog zur Überabzählbarkeit der reellen Zahlen (s. Beispiel 7.4 auf S. 71) durch Diagonalisierung zeigen), von denen aber nur abzählbar viele tatsächlich aufzählbar sind, da die Anzahl der aufzählenden berechenbaren Funktionen ihrerseits nur abzählbar ist.

Äquivalenzsätze

Wir zeigen zum Abschluß zwei Sätze, die das Verhältnis zwischen Aufzählbarkeit und Semi-Entscheidbarkeit bzw. Entscheidbarkeit charakterisieren. Dabei betrachten wir hier nur den Fall $M = \mathbf{N}$. Die Idee ist aber leicht auch auf die Bezugsmenge Σ^* übertragbar.

Satz 10.24. *Eine Menge A ist genau dann aufzählbar, wenn sie semi-entscheidbar ist.*

Beweis. „$\Rightarrow$". Sei A aufzählbar. Im entarteten Fall $A = \emptyset$ wählen wir als Semi-Entscheidungsfunktion ψ_A die Konstantenfunktion C_0^1. Sei jetzt $A \neq \emptyset$, und sei f eine Aufzählung von A. Dann wird eine Semi-Entscheidungsfunktion $\psi_A(x)$ für A durch das folgende Registermaschinen-Programm berechnet:

```
I := 0;
while X ≠ f(I) do Inc(I) od;
RES := 1.
```

„$\Leftarrow$". Sei umgekehrt A semi-entscheidbar. Falls $A = \emptyset$, ist nichts zu zeigen. Andernfalls gibt es ein RM-Programm P, das eine Semi-Entscheidungsfunktion $\psi_A(x)$ berechnet. Sei x_0 ein beliebiges, aber festes Element aus A. Wir betrachten die zweistellige Funktion g, die gegeben ist durch

$$g(x,k) := \begin{cases} x, & \text{falls } P \text{ angesetzt auf } x \\ & \text{– nach} \le k \text{ Schritten} \\ & \text{– \textit{mit dem Resultat} 1 terminiert} \\ x_0, & \text{sonst}. \end{cases}$$

g ist berechenbar und auch total, da der Ablauf von P gegebenenfalls nach einer festen Anzahl von Schritten mit der Ausgabe des „Ersatzwerts" x_0 abgebrochen wird. Außerdem gilt offenbar:

$$A = \{g(x,k) \mid x,k \in \mathbf{N}\} = ran(g)\,.$$

Wir konstruieren eine Aufzählung $f(i)$ von A durch Transformation von g in eine *ein*stellige Funktion mit demselben Wertebereich. Dazu verwenden wir die weiter unten definierte Bijektion $h\colon \mathbf{N}^2 \to \mathbf{N}$, die insbesondere zwei berechenbare und totale Umkehrfunktionen h_1 und h_2 besitzt, so daß für alle n, m gilt:

$$h_1(h(n,m)) = n, \quad h_2(h(n,m)) = m\,.$$

Damit können wir f dann einführen durch

$$f(i) := g(h_1(i), h_2(i))\,.$$

Mit h_1, h_2 und g ist auch f berechenbar und total.

Wir zeigen, daß $ran(f) = ran(g)$. Dabei ist die Richtung $ran(f) \subseteq ran(g)$ offensichtlich. Sei umgekehrt $y \in ran(g)$, also $y = g(x,k)$ für zwei Zahlen x und k. Für $i := h(x,k)$ gilt dann

$$f(i) = g(h_1(i), h_2(i)) = g(x,k) = y\,.$$

Es bleibt noch zu zeigen, daß Funktionen h, h_1, h_2 mit den geforderten Eigenschaften existieren. Wir setzen:

$$\begin{aligned} h(n,m) &:= 2^n(2m+1) \dot{-} 1, \\ h_1(i) &:= (i+1)[1], \\ h_2(i) &:= ((i+1) \operatorname{div} 2^{h_1(i)} \dot{-} 1) \operatorname{div} 2\,. \end{aligned}$$

Es ist nun leicht nachzurechnen, daß diese Funktionen tatsächlich das Gewünschte leisten. □

Aus Satz 10.24 folgt auch sofort eine Variante von Satz 10.15 für aufzählbare Mengen. Es gilt:

Satz 10.25. *Eine Menge A ist genau dann entscheidbar, wenn sowohl A als auch $\overline{A}$ aufzählbar sind.*

Häufig möchte man Entscheidungsverfahren ohne den Umweg über die Semi-Entscheidbarkeit direkt aus der Aufzählbarkeit einer Menge und ihres Komplements entwickeln. Dazu dient der folgende

Beweis der „⇐"-Richtung von Satz 10.25. Seien f und g Aufzählungen von A bzw. $\overline{A}$. Dann wird die charakteristische Funktion $\chi_A(x)$ von A durch das folgende Programm P berechnet:

```
I := 0;
while f(I) ≠ X ∧ g(I) ≠ X do Inc(I) od;
if f(I) = X then RES := 1 else RES := 0 fi.
```

Daß P terminiert, sieht man wie folgt: Jede Zahl x gehört entweder zu A oder $\overline{A}$. Nach Wahl von f und g existiert daher insbesondere immer ein i mit $x = f(i)$ oder $x = g(i)$. Das ist aber gerade die Abbruchbedingung der Schleife. □

Die Schwalbenschwanz-Methode

Es lohnt sich, das im Beweis von Satz 10.24 angewandte Prinzip etwas näher zu betrachten, da es häufig auch in anderen Zusammenhängen nützlich ist. Sieht man von den technischen Details ab, beruht die Konstruktion der Aufzählungsfunktion f wesentlich auf der Verschachtelung von endlichen Teilausführungen des Algorithmus P für verschiedene Eingaben. Durch die Verschachtelung wird vermieden, daß eine Eingabe, für die der Algorithmus möglicherweise nicht terminiert, die Überprüfung von weiteren Eingaben verhindert. Dieses Prinzip nennt man *Schwalbenschwanz-Methode.*

Übung 10.26. Man zeige mit der Schwalbenschwanz-Methode, daß die Menge $D = \{i \mid f(i) \neq \perp\}$ aus Beispiel 10.8 aufzählbar ist.

Übung 10.27. Der Beweis von Satz 10.24 hängt offenbar nicht von der speziellen Wahl der Bijektion h ab. Man zeige, daß die Funktion

$$h(n, m) := n + 1/2(n + m)(n + m + 1)$$

ebenfalls die geforderten Bedingungen erfüllt.

Zusammenfassung und Vorschau

Mit den Betrachtungen in diesem Kapitel haben wir einen ersten Abschluß in der Entwicklung der Berechenbarkeitstheorie erreicht:

- Ausgehend von einer intuitiven Vorstellung von algorithmischen Prozessen haben wir den Begriff der *Berechenbarkeit* für Funktionen (zunächst im Bereich der natürlichen Zahlen, später für alle endlich darstellbaren Objekte) präzisiert.
- Aus der Berechenbarkeit haben wir dann die Begriffe *Entscheidbarkeit*, *Semi-Entscheidbarkeit* und *Aufzählbarkeit* hergeleitet.
- Wir haben gezeigt, daß Berechenbarkeit und die daraus abgeleiteten Begriffe weitgehend unabhängig von konkreten Berechnungsmodellen und Algorithmendarstellungen sind.
- Anhand von grundlegenden Eigenschaften der betrachteten Berechenbarkeitsmodelle konnten wir nachweisen, daß es prinzipielle Grenzen der algorithmischen Berechenbarkeit gibt.

Die Unentscheidbarkeitsresultate, die wir für Eigenschaften der Berechenbarkeitsmodelle selbst gezeigt haben, bilden die Grundlage einer Vielzahl weiterer Unentscheidbarkeiten in den verschiedensten Bereichen der Informatik. In den verbleibenden drei Kapiteln diskutieren wir einige typische Beispiele: In Kap. 11 führen wir mit dem *Postschen Korrespondenzproblem* ein vielseitig einsetzbares Werkzeug für den Nachweis von Unentscheidbarkeiten ein, in Kap. 12 und 13 betrachten wir dann einige grundlegende unlösbare Probleme aus dem Bereich der Logik und der formalen Sprachen.

11 Das Postsche Korrespondenzproblem

Das *Postsche Korrespondenzproblem* ist die Frage, ob sich aus einer Menge von Zeichenketten-Paaren durch komponentenweise Konkatenation in beiden Komponenten dieselbe Zeichenkette erzeugen läßt. Seien etwa $p_1 = (bb, b)$ und $p_2 = (a, abb)$ gegeben. Aus der Folge p_2, p_1, p_1 erhält man tatsächlich für die beiden Komponenten dieselbe Zeichenkette $a\,bb\,bb = abb\,b\,b$. Dagegen kann aus den Paaren (a, ab) und (ba, bba) offenbar keine gemeinsame Zeichenreihe erzeugt werden, da die erste Komponente immer kürzer als die zweite sein wird.

Wir zeigen in diesem Kapitel, daß das Postsche Korrespondenzproblem unentscheidbar ist. Diese Tatsache ist ein leistungsfähiges Hilfsmittel für den Nachweis von weiteren Unentscheidbarkeiten in vielen Bereichen: In Kap. 12 und 13 beweisen wir damit beispielsweise die Unentscheidbarkeit der Prädikatenlogik sowie einiger Probleme aus den formalen Sprachen.

Grundlegende Definitionen

Wie bereits in Kap. 10 erwähnt, verstehen wir unter einem Alphabet Σ eine endliche Menge von *Symbolen* $a_1, \ldots, a_n$. Mit Σ^* bezeichnen wir die Menge der *Wörter* über Σ, also die Menge der endlichen Folgen, die aus Symbolen in Σ gebildet sind.

Σ^* ist unter *Konkatenation* abgeschlossen, d.h., mit v und w enthält Σ^* auch die Zeichenkette vw. Die Konkatenation ist *assoziativ*, d.h., für alle $u, v, w \in \Sigma^*$ gilt: $(uv)w = u(vw)$, wobei die Klammern die Reihenfolge der Verknüpfung andeuten sollen.

Σ^* enthält insbesondere das *leere Wort* ϵ, d.h. die entartete Zeichenfolge, in der überhaupt kein Symbol vorkommt. Mit Σ^+ bezeichnen wir die Menge der nicht-leeren Wörter $\Sigma^* - \{\epsilon\}$. In diesem Kapitel betrachten wir nur nicht-leere Wörter.

Definition 11.1. Sei Σ ein Alphabet.

(i) Ein *Post-System* über Σ ist eine Liste[1]

$$P = (x_1, y_1), \ldots, (x_k, y_k), \quad k \geq 1,$$

wobei alle $x_i, y_i \in \Sigma^+$.

(ii) Eine Folge $i_1, \ldots, i_n$ von Indizes aus $1, \ldots, k$, so daß

$$w = x_{i_1} \cdots x_{i_n} = y_{i_1} \cdots y_{i_n},$$

heißt *Lösung* von P mit *Lösungswort* w. Wenn keine Verwechslungsgefahr besteht, bezeichnen wir das Lösungs*wort* ebenfalls meist als Lösung.

Beispiel 11.2. Die folgende Tabelle definiert ein Post-System P:

	1	2	3
x_i	a	ab	baa
y_i	aba	bb	aa .

P hat die Lösung 1, 3, 2, 3 mit zugehörigem Lösungswort $abaaabbaa$, denn es gilt:

$$x_1x_3x_2x_3 = abaaabbaa = y_1y_3y_2y_3 \, .$$

Beispiel 11.3. Wie in der Einleitung angedeutet, hat das System, das durch die Tabelle

	1	2
x_i	a	ba
y_i	ab	bba

gegeben ist, keine Lösung, da für jeden Index die y-Komponente länger als die x-Komponente ist.

Definition 11.4. Das *Postsche Korrespondenzproblem (PKP)* ist die Frage, ob es zu einem beliebigen Post-System eine Lösung gibt.

[1] Die Formulierung als Liste dient nur der bequemeren Argumentation. Eigentlich wird nur benötigt, daß es sich um eine *Menge* von Wortpaaren handelt.

Unentscheidbarkeit des PKP

Wir zeigen, daß das Postsche Korrespondenzproblem unentscheidbar ist. Dazu betrachten wir zunächst einen *Spezialfall*, auf den wir dann das allgemeine Problem zurückführen.

Das *modifizierte Postsche Korrespondenzproblem (MPKP)* ist die Frage, ob ein Post-System eine *spezielle* Lösung $i_1, \ldots, i_n$ besitzt, bei der insbesondere $i_1 = 1$ verlangt wird.

Beispiel 11.5.

(i) Die Lösung 1, 3, 2, 3 aus Beispiel 11.2 ist von dieser speziellen Form.

(ii) Dagegen hat das System, das durch die Tabelle

	1	2
x_i	a	a
y_i	b	a

gegeben ist, keine spezielle Lösung, wohl aber eine ohne diese Einschränkung.

Lemma 11.6. *Das MPKP ist unentscheidbar.*

Beweis. Durch Reduktion des in Kap. 9 beschriebenen Turing-Maschinen-Halteproblems (TM-HAP); aus TM-HAP $\leq$ MPKP folgt dann die Unentscheidbarkeit des MPKP mit Satz 9.11 (S. 110).

Zum Nachweis von TM-HAP $\leq$ MPKP definieren wir eine berechenbare Transformation mit

Eingabe: Ein Paar (M, w), bestehend aus
- einer Turing-Maschine $M = (Q, \delta, q_0, q_h)$,
- einem Wort w über den Bandsymbolen I und ⊔,

Ausgabe: Ein Post-System P, so daß
M angesetzt auf w genau dann terminiert, wenn
P eine spezielle Lösung besitzt.

Die Idee bei der Konstruktion von P ist die folgende: Das Alphabet Σ besteht aus den Zuständen Q und den Bandsymbolen I, ⊔ der Turing-Maschine M sowie einem weiteren Symbol #. Die Wortpaare werden so gewählt, daß der Versuch, eine spezielle Lösung aufzubauen, zwangsläufig über Zwischenlösungen (x, y) der Form

$$(1) \quad \begin{aligned} x &= \#\#q_0w\#K_1\#\cdots\#K_{n-1} \\ y &= \#\#q_0w\#K_1\#\cdots\#K_{n-1}\#K_n \end{aligned}$$

führt, die einem Anfangsstück

$$q_0w \vdash K_1 \vdash \cdots \vdash K_{n-1} \vdash K_n$$

der Abarbeitung von w durch M entsprechen. In x und y ist also die während der Berechnung entstehende Konfigurationsfolge kodiert, wobei die y-Komponente immer einen Vorlauf von einer Konfiguration hat. Wenn und nur wenn die Berechnung von M terminiert, soll der Vorlauf durch Anfügen von geeigneten Wortpaaren abgebaut werden können, so daß man dann tatsächlich zu einer Lösung gelangt.

Formal wird das System P folgendermaßen definiert:

Als *Anfangspaar* (x_1, y_1) nehmen wir

$$(\#, \#\#q_0w) .$$

Bis auf dieses Paar, das beim Aufbau einer speziellen Lösung als erstes benutzt werden muß, ist die Reihenfolge der Paare nicht relevant, da es nur darauf ankommt, ob überhaupt eine Lösung existiert. Zur besseren Übersicht fassen wir die nächsten Paare in drei Gruppen zusammen:

Gruppe 1 enthält die Paare

$$(a, a) \quad \text{für } a \in \{|, \sqcup, \#\} .$$

Gruppe 2 stellt die Maschinentafel von M dar. Sie enthält für $a, a', b \in \{|, \sqcup\}$ und $q \in Q, q' \in Q - \{q_H\}$ alle Paare der Form

$$\begin{array}{ll} (qa, a'q'), & \text{falls } \delta(q, a) = (q', a', R), \\ (bqa, q'ba'), & \text{falls } \delta(q, a) = (q', a', L), \\ (\#qa, \#q' \sqcup a'), & \text{falls } \delta(q, a) = (q', a', L), \\ (q\#, a'q'\#), & \text{falls } \delta(q, \sqcup) = (q', a', R), \\ (bq\#, q'ba'\#), & \text{falls } \delta(q, \sqcup) = (q', a', L) . \end{array}$$

Das Symbol # deutet die Begrenzung des bereits bearbeiteten Bandbereichs an; die #-Paare beschreiben das Verhalten der Maschine, wenn der Bandkopf an den linken bzw. rechten Rand stößt.[2]

Gruppe 3 enthält die Paare

$$(aq_H, q_H) \quad \text{und} \quad (q_H a, q_H) \qquad \text{für } a \in \{\mathsf{I}, \sqcup\}.$$

Schließlich enthält P noch das *Abschlußpaar*

$$(\#q_H\#, \#)\,.$$

Damit ist die Definition von P beendet.

Der Nachweis, daß P genau dann eine spezielle Lösung besitzt, wenn M terminiert, beruht entscheidend auf der folgenden

Behauptung [$*$]. Sei $n \geq 0$. Wenn die Berechnung von M mindestens n Schritte benötigt, läßt sich die Zwischenlösung (1) aus P zusammensetzen. Darüberhinaus führt sogar jede mögliche Lösung von P zwangsläufig über (1).

Beweis von [$*$]. Durch Induktion über n.

Induktionsanfang. Mit der Vereinbarung, daß $K_{-1} = \epsilon$ und $K_0 = q_0 w$, können wir das Anfangspaar bereits als Zwischenlösung der Form (1) auffassen, so daß die Behauptung für $n = 0$ gilt.

Induktionsschritt. Wir nehmen an, daß die Berechnung von M mindestens $n + 1$ Schritte benötigt. Nach Induktionsvoraussetzung sei [$*$] bereits für n gezeigt. Wir zeigen, daß die Behauptung dann auch für $n + 1$ gilt:

Die Zwischenlösung (1) für n kann zu einer eventuellen Lösung von P nur durch Anfügen von Paaren fortgesetzt werden, die auf der x-Komponente den Vorlauf von y, also die Konfiguration K_n nachbilden. Dazu müssen zunächst Paare aus Gruppe 1 benutzt werden, bis ein (eindeutig bestimmtes) Paar aus Gruppe 2 eingepaßt werden kann. Die y-Komponente dieses Paares stellt gerade die Wirkung der Übergangsfunktion von M dar. Eine weitere Verlängerung mit Paaren aus Gruppe 1 führt zu der Zwischenlösung (1) für $n + 1$. Damit ist der Beweis von [$*$] beendet.

[2] Vgl. die Unterscheidung zwischen inneren und Rand-Leerfeldern im Beweis von Theorem 9.9.

Illustration. Sei $K_n = a_1 \cdots a_{k-1} a_k q$ und $\delta(q, \sqcup) = (q', a', L)$. Für die Erweiterung von (1) zu einer möglichen Lösung kommt zunächst nur die Folge der Paare $(\#, \#)$, (a_1, a_1), ..., (a_{k-1}, a_{k-1}) in Frage. Im nächsten Schritt gibt es dann zwei Alternativen: Entweder wird das Paar (a_k, a_k) aus Gruppe 1 hinzugefügt. Dies führt aber in eine Sackgasse, da jetzt keine weitere Verlängerung möglich ist. Stattdessen muß aus Gruppe 2 das Paar $(bq\#, q'ba'\#)$ mit $b = a_k$ benutzt werden.

Mit Behauptung [$*$] können wir jetzt zeigen, daß P genau dann eine Lösung besitzt, die von dem Anfangspaar $(\#, \#\#q_0 w)$ ausgeht, wenn M angesetzt auf w terminiert:

„$\Rightarrow$". Durch Kontraposition. Wir nehmen an, daß M nicht terminiert, und zeigen, daß P dann keine spezielle Lösung besitzt. Das sieht man aber sehr leicht: Solange K_n in (1) keine Endkonfiguration ist, gelangt man nach [$*$] nämlich immer wieder zu neuen Zwischenlösungen derselben Form. Wenn die Berechnung von M *nicht* terminiert, kann daher insbesondere keine spezielle Lösung von P erreicht werden.

„$\Leftarrow$". Wir nehmen an, daß die Berechnung von M nach einer Zahl n von Schritten terminiert. Nach [$*$] ist dann eine Zwischenlösung der Form (1) erreichbar, wobei nun aber K_n eine *Endkonfiguration* ist, also das Symbol q_H enthält. Diese Zwischenlösung kann daher nicht mehr mit Paaren aus Gruppe 2 verlängert werden.

Stattdessen können jetzt Paare aus *Gruppe 3* in Verbindung mit Gruppe 1 benutzt werden, um auf der x-Komponente den Vorlauf von y einzuholen. Dadurch wird zwar wieder ein neuer Vorlauf erzeugt, der aber nach Definition der Gruppe 3 um ein Bandsymbol | bzw. $\sqcup$ kürzer als der vorangegangene ist. Dieser Prozeß kann nun durch weiteres Anfügen von Paaren aus Gruppe 1 und 3 wiederholt werden, bis der Vorlauf von y nur noch aus $\#q_H$ besteht. Durch Anfügen des Abschlußpaares $(\#q_H\#, \#)$ entsteht daraus schließlich die gesuchte spezielle Lösung von P. □

Das folgende Beispiel illustriert den Beweis von Lemma 11.6:

Beispiel 11.7. Sei $w = \sqcup |$, und sei M die in Beispiel 9.1 betrachtete Maschine

	$\mid$	$\sqcup$
q_0	$L\,q_0$	$R\,q_1$
q_1	$R\,q_1$	$\mid L\,q_2$
q_2	$L\,q_2$	$L\,q_3$
q_3	$L\,q_3$	$R\,q_H$.

Die Konstruktion des Post-Systems P nach dem im Beweis angegebenen Schema sei dem Leser als Übung überlassen.

Wie man dann leicht verifiziert, hat P die spezielle Lösung

$$\#\# q_0 \sqcup \mid \# \sqcup q_1 \mid \# \sqcup \mid q_1 \# \sqcup q_2 \mid\mid \# q_2 \sqcup \mid\mid \# q_3 \sqcup \sqcup \mid\mid \# \sqcup q_H \sqcup \mid\mid \\ \# q_H \sqcup \mid\mid \# q_H \mid\mid \# q_H \mid \# q_H \#\# .$$

Dabei entspricht das Anfangsstück (der in der oberen Zeile dargestellte Teil) der terminierenden Berechnung

$$q_0 \sqcup \mid \;\vdash\; \sqcup q_1 \mid \;\vdash\; \sqcup \mid q_1 \;\vdash\; \sqcup q_2 \mid\mid \;\vdash\; q_2 \sqcup \mid\mid \;\vdash\; q_3 \sqcup \sqcup \mid\mid \;\vdash\; \sqcup q_H \sqcup \mid\mid .$$

Der restliche Teil des Lösungsworts entsteht durch fortlaufendes Verkürzen der Endkonfiguration $\sqcup q_H \sqcup \mid\mid$ unter Verwendung von Wortpaaren aus Gruppe 1 und 3, bis schließlich das Abschlußpaar eingepaßt werden kann.

Aus der Unentscheidbarkeit des speziellen Korrespondenzproblems folgt jetzt die Unentscheidbarkeit des allgemeinen Problems mit vergleichsweise geringem Aufwand:

Satz 11.8. *Das Postsche Korrespondenzproblem ist unentscheidbar.*

Beweis. Nach Lemma 11.6 reicht es zu zeigen, daß MPKP auf PKP reduzierbar ist.

Dazu geben wir ein Verfahren an, das zu jedem Post-System P ein neues System $\overline{P}$ liefert, für das gilt:

(2) P besitzt genau dann eine *spezielle* Lösung, wenn $\overline{P}$ eine *beliebige* Lösung besitzt.

Sei also

$$P = (x_1, y_1), \ldots, (x_k, y_k)$$

ein Post-System.

Seien #, $ zwei Symbole, die nicht in dem Alphabet Σ von P vorkommen. Für ein Wort $w = a_1 \cdots a_m \in \Sigma^+$ bezeichne $\overline{w}$ das Wort $a_1 \# a_2 \# \cdots \# a_m$.

Wir setzen

$$\overline{P} = (u_1, v_1), \ldots, (u_{k+2}, v_{k+2}),$$

wobei die (u_i, v_i) gegeben sind durch:

$$\begin{aligned} (u_1, v_1) &= (\#\overline{x}_1\#, \#\overline{y}_1), \\ (u_i, v_i) &= (\overline{x}_{i-1}\#, \#\overline{y}_{i-1}) \quad \text{für } i = 2, \ldots, k+1, \\ (u_{k+2}, v_{k+2}) &= (\$, \#\$). \end{aligned}$$

(Die Konstruktion von $\overline{P}$ wird in Beispiel 11.9 weiter unten illustriert.)

Es bleibt zu zeigen, daß die Behauptung (2) gilt:

„$\Rightarrow$". Sei $i_1, i_2, \ldots, i_n$ eine spezielle Lösung von P, also insbesondere $i_1 = 1$. Dann ist offenbar die Folge $1, i_2 + 1, \ldots, i_n + 1, k + 2$ eine Lösung von $\overline{P}$.

„$\Leftarrow$". Sei umgekehrt $i_1, i_2, \ldots, i_n$ eine beliebige Lösung von $\overline{P}$. Da aber $(\#\overline{x}_1\#, \#\overline{y}_1)$ das einzige Paar ist, in dem beide Komponenten mit demselben Symbol beginnen, kann i_1 doch nicht beliebig sein; es gilt: $i_1 = 1$.

Das letzte Paar der Lösung ist ($, #$), da nur so das ansonsten überschüssige abschließende #-Symbol der ersten Komponente eingeholt werden kann; es gilt also: $i_n = k + 2$.

Für $j = 2, \ldots, n-1$ können wir $i_j \in \{2, \ldots, k+1\}$ annehmen. Andernfalls betrachten wir nämlich das Anfangsstück der Lösung $i_1, i_2, \ldots, i_n$, das mit dem ersten Vorkommen von $k + 2$ endet. Dies ist dann ebenfalls eine Lösung, die aber nun die Bedingung erfüllt.

Aus dem Lösungswort von $\overline{P}$ erhält man dann durch Streichen der Symbole # und $ ein Lösungswort für P, das zu der Indexfolge $1, i_2 - 1, \ldots, i_{n-1} - 1$ gehört. Diese Folge ist wie gefordert eine spezielle Lösung von P. □

Beispiel 11.9. Das folgende Beispiel illustriert die Beziehung zwischen P und $\overline{P}$ im Beweis von Satz 11.8. Sei P das System, das festgelegt ist durch die Tabelle

	1	2	3
x_i	a	b	$abaab$
y_i	aba	b	a .

Dann wird $\overline{P}$ durch die folgende Tabelle definiert:

	1	2	3	4	5
u_i	$\#a\#$	$a\#$	$b\#$	$a\#b\#a\#a\#b\#$	$\$$
v_i	$\#a\#b\#a$	$\#a\#b\#a$	$\#b$	$\#a$	$\#\$$.

Die Lösung 1, 4, 3, 2, 5 von $\overline{P}$ mit Lösungswort

$$\#a\#b\#a\#b\#a\#a\#b\#a\#\$$$

korrespondiert zu der speziellen Lösung 1, 3, 2, 1 von P mit Lösungswort $ababaaba$.

Dagegen entspricht die aus dem einzelnen Index 2 bestehende Lösung von P mit Lösungswort b tatsächlich keiner Lösung in $\overline{P}$.

Wir beschließen dieses Kapitel mit der Feststellung, daß das Postsche Korrespondenzproblem zumindest *semi-entscheidbar* ist. Der Beweis folgt den Konstruktionen in Beispiel 10.21 und 10.22. Die Details seien dem Leser als Übung überlassen:

Übung 11.10.

(i) Man zeige, daß das PKP semi-entscheidbar ist.

(ii) Das System, das durch

	1	2	3	4
x_i	bba	ba	ba	ab
y_i	b	baa	aba	bba

gegeben ist, besitzt eine Lösung. Man verifiziere dies. Vorsicht: Die kürzeste Lösung besteht aus 66 Indizes!

12 Unentscheidbarkeit der Prädikatenlogik

In der Aussagenlogik kann man durch Betrachtung von Wahrheitstafeln feststellen, ob eine Formel allgemeingültig ist in dem Sinn, daß *jede* Belegung zu einer wahren Aussage führt. Wir zeigen in diesem Kapitel, daß das entsprechende Problem für die Prädikatenlogik *nicht* entscheidbar ist. Der Beweis wird durch Reduktion des Postschen Korrespondenzproblems geführt.

Grundbegriffe

Dieser Abschnitt enthält eine kurze Zusammenstellung der prädikatenlogischen Grundbegriffe, die wir im folgenden benötigen.

Formeln werden wie üblich aufgebaut. Wir verzichten auf eine formale Definition und führen die Syntax stattdessen anhand von typischen Beispielen ein:[1]

Beispiel 12.1. Prädikatenlogische Formeln sind etwa:

$$\begin{aligned}\varphi_1 &= P(c, f(c)),\\ \varphi_2 &= \exists x P(x, x),\\ \varphi_3 &= \forall x \forall y \forall z (P(x, y) \land P(y, z) \to P(x, z)).\end{aligned}$$

Dabei bezeichnen x, y, z *Variablen*, c eine *Konstante*, f ein (einstelliges) *Funktionssymbol*, P ein (zweistelliges) *Prädikatensymbol*, $\land$ und $\to$ die Junktoren *und*, bzw. *wenn ... dann*, $\exists$ den *Existenz-* und $\forall$ den *Allquantor*.

[1] Für Leser, die mit der Prädikatenlogik vertraut sind, sei erwähnt, daß wir nur geschlossene Formeln betrachten. Daher können wir insbesondere bei der Präzisierung der Semantik auf die Interpretation von freien Variablen verzichten.

Der Ausdruck $f(c)$ ist ein *Term*. Allgemein sind alle Ausdrücke Terme, die durch Einsetzen von Variablen, Konstanten oder weiteren Termen in Funktionssymbole entstehen, wobei nur auf die richtige Stelligkeit zu achten ist.

In den nächsten drei Definitionen präzisieren wir die *Semantik* der Prädikatenlogik so weit, wie sie für den Unentscheidbarkeitsbeweis benötigt wird.

Definition 12.2. Sei φ eine Formel. Eine zu φ *passende Struktur* $\mathcal{A}$ besteht aus einer Menge $U \neq \emptyset$, dem *Universum* von $\mathcal{A}$, und einer Interpretation von jedem in φ vorkommenden

- Konstantensymbol c durch ein Element $c^{\mathcal{A}} \in U$,
- n-stelligen Funktionssymbol f durch eine Funktion $f^{\mathcal{A}}: U^n \rightarrow U$,
- n-stelligen Prädikatensymbol P durch ein Prädikat $P^{\mathcal{A}} \subseteq U^n$.

Beispiel 12.3. Zu den Formeln aus Beispiel 12.1 passend sind etwa

(i) die Struktur $\mathcal{A}$ mit Universum $U = \mathbf{N}$ und der Interpretation von
   - c durch $c^{\mathcal{A}} = 0$,
   - f durch die Nachfolgerfunktion $f^{\mathcal{A}} = N$,
   - P als der „kleiner oder gleich"-Relation $P^{\mathcal{A}} = \leq$,

(ii) die Struktur $\mathcal{B}$, die wie $\mathcal{A}$ definiert ist, außer daß P jetzt durch die Relation $<$ interpretiert wird.

Definition 12.4. Sei φ eine Formel und $\mathcal{A}$ eine zu φ passende Struktur. Wir schreiben $\mathcal{A} \models \varphi$ und sagen, daß φ *in* $\mathcal{A}$ *gilt*, falls φ eine wahre Aussage wird, wenn Konstanten-, Funktions- und Prädikatensymbole gemäß Definition 12.2 interpretiert werden und Existenzquantoren $\exists u$ und Allquantoren $\forall u$ die Bedeutung „es gibt ein Element u in U, so daß:" bzw. „für alle u in U gilt:" bekommen. Wir schreiben $\mathcal{A} \not\models \varphi$, falls φ in $\mathcal{A}$ nicht gilt. Statt „φ gilt in $\mathcal{A}$" sagt man auch häufig, daß $\mathcal{A}$ ein *Modell* von φ ist.

Beispiel 12.5. Seien $\varphi_1, \varphi_2, \varphi_3$ wie in Beispiel 12.1 und $\mathcal{A}$, $\mathcal{B}$ die in Beispiel 12.3 eingeführten Strukturen. Dann gilt:

$$\begin{aligned} &\mathcal{A} \models \varphi_1, &&\text{da } (c^{\mathcal{A}}, f^{\mathcal{A}}(c^{\mathcal{A}})) = (0, 1) \in P^{\mathcal{A}}, \\ &\mathcal{A} \models \varphi_2, &&\text{da } x \leq x \text{ sogar für alle } x \in \mathbf{N} \text{ gilt}, \\ &\mathcal{A} \models \varphi_3, &&\text{da die } \leq\text{-Relation in } \mathbf{N} \text{ transitiv ist;} \end{aligned}$$

zusammengefaßt also: $\mathcal{A} \models \varphi_1 \wedge \varphi_2 \wedge \varphi_3$.

Analog läßt sich sofort verifizieren, daß $\mathcal{B} \models \varphi_1 \wedge \varphi_3$. Dagegen ist $\mathcal{B}$ *kein* Modell von φ_2, da kein $x \in \mathbf{N}$ mit $x < x$ existiert.

Die folgende Definition ist zentral:

Definition 12.6. Eine Formel φ heißt *allgemeingültig* (oder einfach *gültig*), falls $\mathcal{A} \models \varphi$ für jede passende Struktur $\mathcal{A}$.

Beispiel 12.7.

(i) Keine der Formeln $\varphi_1, \varphi_2, \varphi_3$ aus Beispiel 12.1 ist allgemeingültig. Für φ_2 ist dies in Beispiel 12.5 gezeigt. Wir überlassen es dem Leser, Strukturen zu finden, in denen φ_1 bzw. φ_3 nicht gelten.

(ii) Die Formel

$$(P(c) \wedge \forall x(P(x) \to Q(x))) \to Q(c),$$

wobei P und Q zwei einstellige Prädikatensymbole sind, ist allgemeingültig.[2]

Die Unentscheidbarkeit des Gültigkeitsproblems

Theorem 12.8. *Das Gültigkeitsproblem der Prädikatenlogik, d.h. die Frage, ob eine beliebige prädikatenlogische Formel allgemeingültig ist, ist unentscheidbar.*

Beweis. Durch Reduktion des Postschen Korrespondenzproblems. Wir übersetzen ein gegebenes Post-System PS in eine prädikatenlogische Formel φ_{PS}, so daß gilt:

(1) φ_{PS} ist genau dann allgemeingültig, wenn PS eine Lösung besitzt.

Daraus folgt dann die Behauptung mit Satz 11.8.

Sei also $PS = (x_1, y_1), \ldots, (x_k, y_k)$ ein Post-System über einem Alphabet Σ.

Für die Konstruktion von φ_{PS} benötigen wir eine Konstante c, ein zweistelliges Prädikatensymbol P und für jedes $a \in \Sigma$ ein einstelliges Funktionssymbol f_a.

[2] Diese Formel wird häufig herangezogen, um die Sterblichkeit des Philosophen Sokrates zu beweisen. Sie ist ein Beispiel für die Schlußregel *Modus Barbara* der Aristotelischen *Syllogistik*.

Dabei haben wir folgende „Standardinterpretation" S im Auge: Das Universum U_S soll die Menge Σ^* der Wörter über Σ sein, P soll auf Paare (α, β) von Wörtern zutreffen, die durch PS erzeugbar sind, die Konstante c soll das leere Wort bezeichnen, und die f_a schließlich sollen die Funktionen bezeichnen, die jeweils das Symbol a an Wörter aus Σ^* anfügt.

Für $w = a_1 a_2 \cdots a_n \in \Sigma^*, n \geq 1$, schreiben wir als Abkürzung

(2) $\quad f_w(x) \quad$ für den Term $\quad f_{a_n}(\cdots(f_{a_2}(f_{a_1}(x)))\cdots)$

und entsprechend, wenn $\mathcal{A}$ eine passende Struktur ist,

$$f_w^{\mathcal{A}}(x) \quad \text{für die Funktion} \quad f_{a_n}^{\mathcal{A}}(\cdots(f_{a_2}^{\mathcal{A}}(f_{a_1}^{\mathcal{A}}(x)))\cdots)(x)\,.$$

In der Standardinterpretation S wird die Funktion f_w^S gerade die Konkatenation von rechts mit dem Wort w darstellen.

Für Formeln $\psi_1, \ldots, \psi_n, n \geq 1$, schreiben wir

$$\bigwedge_{i=1}^{n} \psi_i \quad \text{für} \quad \psi_1 \wedge \cdots \wedge \psi_n\,.$$

Damit können wir jetzt drei Teilformeln definieren, aus denen wir die gesuchte Formel φ_{PS} dann aufbauen. Wir setzen:

$$\varphi_1 := \bigwedge_{i=1}^{k} P(f_{x_i}(c), f_{y_i}(c)),$$

$$\varphi_2 := \forall x \forall y (P(x, y) \rightarrow \bigwedge_{i=1}^{k} P(f_{x_i}(x), f_{y_i}(y)),$$

$$\varphi_3 := \exists z P(z, z)\,.$$

Dabei sind die f_{x_i} und f_{y_i} Abkürzungen nach (2). Die Formel φ_1 soll symbolisieren, daß PS aus den Paaren (x_i, y_i), $1 \leq i \leq k$, besteht, φ_2 soll bedeuten, daß immer wenn das Wortpaar (x, y) aus PS erzeugbar ist, dann auch alle Wortpaare der Form (xx_i, yy_i). Schließlich soll φ_3 ausdrücken, daß PS ein Lösungswort besitzt.

Die Formel φ_{PS} wird jetzt definiert durch

$$\varphi_{PS} := (\varphi_1 \wedge \varphi_2) \rightarrow \varphi_3\,.$$

Wir zeigen, daß φ_{PS} die Behauptung (1) erfüllt:

„$\Rightarrow$". Wir nehmen an, daß φ_{PS} allgemeingültig ist, und zeigen, daß *PS* dann eine Lösung besitzt. Dazu präzisieren wir die bereits angedeutete Standardinterpretation *S* folgendermaßen: *S* ist die Struktur, die gegeben ist durch:

- $U := \Sigma^*$,
- $c^S := \epsilon$,
- $f_a^S(\alpha) := \alpha a$ für $\alpha \in \Sigma^*, a \in \Sigma$,
- $P^S(\alpha, \beta)$ gelte genau dann, wenn α und β die Form

$$\alpha = x_{i_1} \cdots x_{i_n} \quad \text{bzw.} \quad \beta = y_{i_1} \cdots y_{i_n}$$

für eine gemeinsame Indexfolge $i_1, \ldots, i_n$ haben.

Da die Formel φ_{PS} nach Voraussetzung allgemeingültig ist, gilt sie insbesondere auch in der so festgelegten Struktur *S*. Nach Definition 12.4 bedeutet dies:

(3) Wenn $S \models \varphi_1$ und $S \models \varphi_2$, dann auch $S \models \varphi_3$.

Wir zeigen, daß die Vorbedingungen in (3) erfüllt sind:

Zunächst gilt sicherlich $S \models \varphi_1$, da die Auswertung der Terme $f_{x_i}(c)$ und $f_{y_i}(c)$ in *S* gerade x_i bzw. y_i ergeben und jedes Paar (x_i, y_i) nach Definition von *PS* zu einer gemeinsamen Indexfolge – nämlich zu der Folge, die aus dem einen Element *i* besteht – gehört.

Es gilt aber auch $S \models \varphi_2$: Wie bereits angedeutet, besagt die Interpretation von φ_2 in *S*, daß immer wenn *x* und *y* zu einer gemeinsamen Indexfolge gehören, dann auch xx_i und yy_i. Dies ist aber offenbar erfüllt.

Da also beide Vorbedingungen erfüllt sind, folgt aus (3), daß φ_3 in *S* gilt. Das bedeutet aber gerade, daß ein Wort $w \in \Sigma^*$ existiert, das zugleich zu der *x*- und der *y*-Komponente einer gemeinsamen Indexfolge gehört; *w* ist also eine Lösung von *PS*.

„$\Leftarrow$". Wir nehmen jetzt umgekehrt an, *PS* habe eine Lösung, und zeigen, daß φ_{PS} dann allgemeingültig ist. Sei also $\mathcal{B}$ eine beliebige zu φ_{PS} passende Struktur. Es ist zu zeigen, daß $\mathcal{B} \models \varphi_{PS}$.

Falls $\mathcal{B} \not\models \varphi_1$ oder $\mathcal{B} \not\models \varphi_2$, gilt dies trivialerweise. Wir nehmen also an, daß $\mathcal{B} \models \varphi_1$ und $\mathcal{B} \models \varphi_2$, und zeigen, daß dann auch $\mathcal{B} \models \varphi_3$.

Die Idee dabei ist, die Wortmenge Σ^* in $\mathcal{B}$ so einzubetten, daß ein Lösungswort von *PS* gerade auf ein Beleg für die Existenzformel φ_3 abgebildet wird.

Dazu dient die Funktion $\pi: \Sigma^* \to U_{\mathcal{B}}$, wobei $U_{\mathcal{B}}$ das Universum von $\mathcal{B}$ bezeichnet, die definiert ist durch

(4) $$\pi(\alpha) := f_\alpha^{\mathcal{B}}(c^{\mathcal{B}}), \quad \alpha \in \Sigma^*.$$

Illustration. Mit $\Sigma = \{a, b\}$ ist etwa $\pi(abb) = f_b^{\mathcal{B}}(f_b^{\mathcal{B}}(f_a^{\mathcal{B}}(c^{\mathcal{B}})))$.

Aus (4) und $\mathcal{B} \models \varphi_1$ erhalten wir für $i = 1, \ldots, k$:

(5) $$(\pi(x_i), \pi(y_i)) \in P^{\mathcal{B}}.$$

Wegen $\mathcal{B} \models \varphi_2$ gilt entsprechend:

(6) Wenn $(\pi(x), \pi(y)) \in P^{\mathcal{B}}$,
dann auch $(\pi(xx_i), \pi(yy_i)) \in P^{\mathcal{B}}$.

Durch Induktion nach (5) und (6) folgt, daß

(7) $$(\pi(x), \pi(y)) \in P^{\mathcal{B}}$$

für alle Wörter $x, y \in \Sigma^*$, die aus einer gemeinsamen Indexfolge von *PS* hervorgehen.

Wir benutzen jetzt die Voraussetzung, daß ein Lösungswort $w = x_{i_1} \cdots x_{i_n} = y_{i_1} \cdots y_{i_n}$ von *PS* existiert: Nach (7) gilt dann insbesondere

$$(\pi(w), \pi(w)) \in P^{\mathcal{B}}.$$

Das bedeutet aber $\mathcal{B} \models \exists z P(z, z)$, also gerade $\mathcal{B} \models \varphi_3$. □

Gültigkeit, Erfüllbarkeit, Unerfüllbarkeit

Theorem 12.8 hat Konsequenzen auch für zwei weitere Probleme, die in der Praxis ebenso relevant sind wie das Gültigkeitsproblem, nämlich das *Unerfüllbarkeits-* und das dazu komplementäre *Erfüllbarkeitsproblem.*

Das Unerfüllbarkeitsproblem ist die Frage, ob man einer beliebigen Formel ansehen kann, ob sie unerfüllbar ist. (Die sogenannte *Resolutionsmethode,* die u.a. der Programmiersprache PROLOG zugrundeliegt, ist beispielsweise ein Test auf Unerfüllbarkeit.) Das Unerfüllbarkeitsproblem ist äquivalent zum Gültigkeitsproblem. Das liegt daran, daß eine Formel φ offenbar genau dann unerfüllbar ist, wenn die negierte Formel $\neg\varphi$ allgemeingültig ist. Mit Theorem 12.8 folgt, daß auch das Unerfüllbarkeitsproblem unentscheidbar ist.

In Beispiel 10.22 (S. 125) haben wir angedeutet, daß das Gültigkeitsproblem *semi-entscheidbar* ist. Das trifft daher auch auf das Unerfüllbarkeitsproblem zu. Mit Satz 10.15 (S. 123) folgt hieraus, daß das *Erfüllbarkeitsproblem*, d.h. die Frage, ob eine Formel überhaupt ein Modell besitzt, nicht einmal semi-entscheidbar (und daher nach Satz 10.25 (S. 128) auch nicht aufzählbar) ist .

13 Unentscheidbare Probleme in den formalen Sprachen

In diesem abschließenden Kapitel wollen wir einige unentscheidbare Probleme aus dem Bereich der formalen Sprachen vorstellen. Dabei beschränken wir uns auf Beispiele, die ohne großen Aufwand mit den bisher entwickelten Methoden bearbeitet werden können. Im einzelnen werden behandelt: das *Schnittproblem* und das *Mehrdeutigkeitsproblem* für *kontextfreie Sprachen* sowie das *Wortproblem* für *allgemeine Regelgrammatiken*.

13.1 Kontextfreie Sprachen

Die Syntax von höheren Programmiersprachen wird häufig durch ein System von *Erzeugungsregeln* in der sogenannten *Backus-Naur-Form (BNF)* festgelegt. So ist beispielsweise die While-Anweisung in der Sprache MODULA definiert durch die Regel

whileStatement = WHILE expression DO
StatementSequence END.

Dabei gehören die Wörter WHILE, DO und END zu den *Symbolen der Sprache*, während „whileStatement", „expression" und „StatementSequence" *nicht-terminale Symbole* bezeichnen, die auf weitere Regeln verweisen.

Die Backus-Naur-Form ist ein Spezialfall einer sogenannten *kontextfreien Grammatik*. Allgemein werden derartige Grammatiken folgendermaßen definiert:[1]

[1] Vgl. Beispiel 10.21.

Definition 13.1.

(i) Eine *kontextfreie Grammatik* $G = (N, \Sigma, P, S)$ besteht aus:
- einer endlichen Menge N von *nicht-terminalen Symbolen*,
- einem *terminalen* Alphabet Σ mit $N \cap \Sigma = \emptyset$,
- einer endlichen Menge P von *Regeln* oder *Produktionen*

$$A \to \beta \quad \text{mit} \quad A \in N,\ \beta \in (N \cup \Sigma)^*,$$

- einem *Startsymbol* $S \in N$.

(ii) Die Relationen $\Rightarrow_G$ und $\Rightarrow_G^*$ zwischen Zeichenketten über der Menge $N \cup \Sigma$ dienen zur Darstellung von *Ableitungen*:

Wenn $A \to \beta$ eine Produktion aus P ist, und v die Form $\alpha A \gamma$ mit $\alpha, \gamma \in (N \cup \Sigma)^*$ hat, dann gilt: $v \Rightarrow_G \alpha\beta\gamma$. Wir sagen, daß $\alpha\beta\gamma$ aus v durch Anwendung von $A \to \beta$ *in einem Schritt ableitbar* ist.

Wir schreiben $u \Rightarrow_G^* v$ und sagen, daß v *aus* u *ableitbar* ist, falls eine Folge $u_0, \ldots, u_n \in (N \cup \Sigma)^*$, $n \geq 0$, existiert mit

$$u = u_0 \Rightarrow_G u_1 \Rightarrow_G \cdots \Rightarrow_G u_n = v\,.$$

Wenn die Grammatik G aus dem Zusammenhang klar ist, schreiben wir meist einfach $\Rightarrow$ statt $\Rightarrow_G$ und $\Rightarrow^*$ statt $\Rightarrow_G^*$.

(iii) Die Menge $L = L(G) := \{w \in \Sigma^* \mid S \Rightarrow_G^* w\}$ ist *die von* G *erzeugte (formale) Sprache.*

Beispiel 13.2. Sei $G_1 = (\{S\}, \{a, b\}, \{S \to aSb, S \to ab\}, S)$. Eine Ableitung in G_1 ist dann beispielsweise

$$S \Rightarrow aSb \Rightarrow aaSbb \Rightarrow aaabbb\,.$$

Die durch G_1 erzeugte Sprache ist

$$L(G_1) = \{a^n b^n \mid n \geq 1\}\,,$$

wobei a^n für die Zeichenkette $\underbrace{a \cdots a}_{n\text{-mal}}$ steht (und analog für b).

Notation 13.3. Wenn mehrere Produktionen $A \to \alpha_1, \ldots, A \to \alpha_n$ dieselbe linke Seite besitzen, fassen wir sie meist zusammen und schreiben kürzer:

$$A \to \alpha_1 \mid \ldots \mid \alpha_n\,.$$

Falls nicht anders erwähnt, werden Nicht-Terminale durch Großbuchstaben, das Startsymbol immer durch S und Terminale durch Kleinbuchstaben dargestellt. Diese Konvention gestattet es, Grammatiken allein durch die Angabe der Produktionen zu definieren.

Beispiel 13.4. Eine Grammatik G_2, gegeben durch die Menge ihrer Produktionen:

$$\begin{aligned} S &\rightarrow AD \mid AB \\ D &\rightarrow SB \\ A &\rightarrow a \\ B &\rightarrow b\,. \end{aligned}$$

Übung 13.5. Man zeige, daß die Grammatiken G_1 in Beispiel 13.2 und G_2 in Beispiel 13.4 *äquivalent* sind in dem Sinn, daß sie dieselbe Sprache erzeugen.

Beispiel 13.6. In Kap. 2 hatten wir die Sprache der Registermaschinen-Programme durch eine induktive Definition eingeführt. Diese Definition läßt sich durch eine kontextfreie Grammatik präzisieren, wenn wir die Anzahl der verwendeten Symbole auf eine endliche Menge beschränken können. Wie bereits mehrfach angedeutet, erfordert dies die Kodierung der vorkommenden Indizes durch endliche Zeichenketten.

Wenn wir Indizes als Binärwörter über den Symbolen 0 und 1 auffassen, wird die Menge der Programme erzeugt durch die Produktionsregeln

$$\begin{aligned} S &\rightarrow \epsilon \mid IZ \mid DZ \mid SS \mid NZSE \\ Z &\rightarrow 1 \mid Z1 \mid Z0\,, \end{aligned}$$

wobei hier S und Z *nicht-terminale*, N, I, D, 0, 1 und E *terminale* Symbole sind.

Das Schnittproblem

Das *Schnittproblem* für kontextfreie Sprachen ist die Frage, ob zwei durch kontextfreie Grammatiken erzeugte Sprachen ein gemeinsames Wort enthalten.

Satz 13.7. *Das Schnittproblem für kontextfreie Sprachen ist unentscheidbar.*

Beweis. Durch Reduktion des Postschen Korrespondenzproblems.

Sei $PS = (x_1, y_1), \ldots, (x_k, y_k)$ ein Post-System.

Wir definieren zwei kontextfreie Grammatiken G_1 und G_2 durch die Produktionsregeln

$$\begin{array}{lll} P_1: & S \rightarrow b_i S x_i \mid b_i x_i, & i = 1, \ldots, k, \quad \text{bzw.} \\ P_2: & S \rightarrow b_j S y_j \mid b_j y_j, & j = 1, \ldots, k, \end{array}$$

wobei die x_i und y_j aus PS stammen und die b_i verschiedene Terminalsymbole bezeichnen, die nicht zu dem Alphabet von PS gehören.

Die Sprachen $L(G_1)$ und $L(G_2)$ bestehen offenbar gerade aus allen Wörtern der Form

(1) $$b_{i_n} \cdots b_{i_1} x_{i_1} \cdots x_{i_n} \quad \text{bzw.}$$

(2) $$b_{j_m} \cdots b_{j_1} y_{j_1} \cdots y_{j_m}$$

für beliebige Indexfolgen aus $1, \ldots, k$. (Man beachte, daß die Wörter von innen aufgebaut werden, so daß sich die Indexfolge in der Mitte spiegelt.)

Es ist zu zeigen, daß PS genau dann eine Lösung besitzt, wenn die beiden Sprachen ein gemeinsames Wort enthalten.

Wir nehmen zunächst an, daß PS eine Lösung $i_1, \ldots, i_n$ besitzt. Dann ist

$$b_{i_n} \cdots b_{i_1} x_{i_1} \cdots x_{i_n} = b_{i_n} \cdots b_{i_1} y_{i_1} \cdots y_{i_n} \in L(G_1) \cap L(G_2).$$

Umgekehrt muß ein Wort w in $L(G_1) \cap L(G_2)$ sowohl von der Form (1) als auch von der Form (2) sein. Da die b's aus dem Präfix nicht in den x_i oder y_j vorkommen, folgt daraus:

(3) $$x_{i_1} \cdots x_{i_n} = y_{j_1} \cdots y_{j_m}.$$

Dual dazu müssen auch die beiden Präfixe übereinstimmen. Da die b's paarweise verschieden sind, sind dann aber auch die beiden Indexfolgen $i_1, \ldots, i_n$ und $j_1, \ldots, j_m$ gleich. Daher stellt (3) tatsächlich eine Lösung von PS dar. □

Das Mehrdeutigkeitsproblem

Es ist oft nützlich, kontextfreie Ableitungen durch Bäume darzustellen, aus denen die Struktur der Ableitung hervorgeht. Dies wird z.B. bei der Übersetzung von Rechnerprogrammen in der Phase der syntaktischen Analyse benutzt.

Beispiel 13.8. Die Grammatik $G = (\{S, D, K\}, \{\vee, \wedge, \mathsf{w}, \mathsf{f}\}, P, S)$ werde festgelegt durch die Produktionen

$$V \to D \vee D \mid K \wedge K \mid \mathsf{w} \mid \mathsf{f} \qquad \text{für } V \in \{S, D, K\}.$$

Man kann sich G als den rudimentären Kern eines Regelsystems zur Erzeugung und Auswertung von aussagenlogischen Formeln vorstellen; die Nicht-Terminale D und K deuten auf Disjunktion bzw. Konjunktion hin, w und f symbolisieren die Wahrheitswerte *wahr* bzw. *falsch*.

Ein Ableitung in G ist z.B.:

$$S \Rightarrow D \vee D \Rightarrow K \wedge K \vee D \Rightarrow^* \mathsf{f} \wedge \mathsf{w} \vee \mathsf{w}.$$

Der folgende Ableitungsbaum macht die Struktur der Regelanwendungen deutlich:

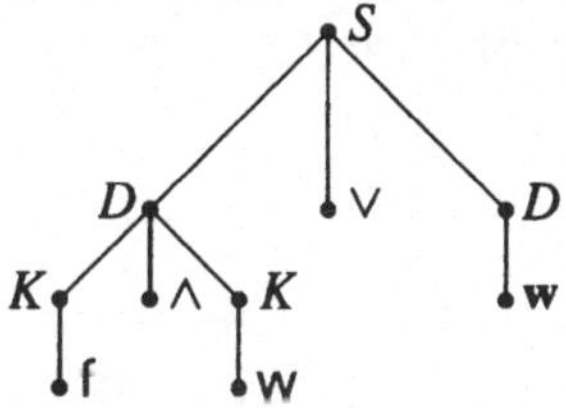

Die in Beispiel 13.8 angedeutete Idee eines Ableitungsbaums wird allgemein präzisiert durch:

Definition 13.9. Der *Ableitungsbaum* $\mathcal{B}$ einer kontextfreien Ableitung

$$S = v_0 \Rightarrow_G v_1 \Rightarrow_G \cdots \Rightarrow_G v_n = v$$

ist ein markierter Baum, der wie folgt induktiv definiert ist:

- Die Wurzel wird mit S markiert.
- Wenn der i-te Schritt der Ableitung die Form $v_{i-1} = \alpha A \gamma \Rightarrow_G \alpha\beta\gamma = v_i$ für eine Produktion $A \to \beta$ mit $\beta = z_1 \cdots z_k \in (N \cup \Sigma)^*$ hat, dann enthält $\mathcal{B}$ einen Knoten, der mit A markiert ist und k Söhne besitzt, die von links nach rechts mit den z_j, $1 \leq j \leq k$, markiert sind.

Im vollständigen Baum $\mathcal{B}$ sind dann die Blätter von links nach rechts mit den Symbolen in v beschriftet.

Definition 13.10. Eine kontextfreie Grammatik G heißt *eindeutig*, falls es zu jedem $w \in L(G)$ genau einen Ableitungsbaum gibt, sonst *mehrdeutig*.

Definition 13.11. Das *Mehrdeutigkeitsproblem für kontextfreie Grammatiken* ist die Frage, ob eine beliebige kontextfreie Grammatik mehrdeutig ist

Beispiel 13.12. Die Grammatik G_1 aus Beispiel 13.2 ist offenbar eindeutig. Das gleiche gilt für G_2 in Beispiel 13.4 und die Grammatik der Registermaschinen-Programme in Beispiel 13.6.

Beispiel 13.13. Die Grammatik G aus Beispiel 13.8 ist mehrdeutig; beispielsweise hat das Wort f ∧ w ∨ w als weiteren Ableitungsbaum:

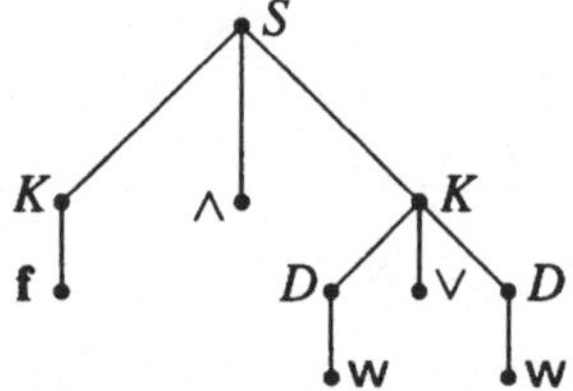

Dieser Baum korrespondiert zu der Ableitung

$$S \Rightarrow K \wedge K \Rightarrow K \wedge D \vee D \Rightarrow^* \mathsf{f} \wedge \mathsf{w} \vee \mathsf{w}\,.$$

Wenn G als Erzeugendensystem für Formeln aufgefaßt wird, bedeutet die Mehrdeutigkeit Unklarkeit darüber, in welcher Reihenfolge Teilformeln auszuwerten sind: Der zuletzt eingeführte Baum prägt dem Ausdruck f ∧ w ∨ w eine Struktur auf, bei der zuerst die Disjunktion w = w ∨ w und dann die Konjunktion f = f ∧ w berechnet wird.

Dagegen wird in Beispiel 13.2 zunächst die Konjunktion $\mathsf{f} = \mathsf{f} \wedge \mathsf{w}$ ausgewertet, was dann in der Disjunktion $\mathsf{f} \vee \mathsf{w}$ zu dem gegenteiligen Resultat w führt.

Allgemein gilt:

Satz 13.14. *Das Mehrdeutigkeitsproblem für kontextfreie Grammatiken ist unentscheidbar.*

Beweis. Durch Reduktion des Postschen Korrespondenzproblems. Wir ordnen einem Post-System PS eine Grammatik G zu, die genau dann mehrdeutig ist, wenn PS eine Lösung besitzt.

Sei also $PS = (x_1, y_1), \ldots, (x_k, y_k)$ ein Post-System. Die Grammatik G wird dann durch die folgenden Produktionen festgelegt:

$$\begin{aligned} S &\rightarrow X \mid Y, \\ X &\rightarrow b_i X x_i \mid b_i X x_i, \quad i = 1, \ldots, k, \\ Y &\rightarrow b_i Y y_i \mid b_i Y y_i, \quad i = 1, \ldots, k, \end{aligned}$$

wobei die x_i und y_i aus PS stammen und die b_i verschiedene Terminalsymbole bezeichnen, die nicht zu dem Alphabet von PS gehören.

Analog zum Beweis von Satz 13.7 gilt nun offensichtlich:
PS besitzt genau dann eine Lösung $i_1, \ldots, i_n$, wenn das Wort

$$b_{i_n} \cdots b_{i_1} x_{i_1} \cdots x_{i_n} = b_{i_n} \cdots b_{i_1} y_{i_1} \cdots y_{i_n}$$

sowohl durch eine Ableitung, die mit $S \Rightarrow X$ beginnt, als auch durch eine Ableitung, die mit $S \Rightarrow Y$ beginnt, erzeugt werden kann.

Die zu den beiden Ableitungen gehörenden Bäume sind aber trivialerweise verschieden, da der Sohn der Wurzel im ersten Fall mit X, im zweiten mit dem von X verschiedenen Nicht-Terminal Y markiert ist. □

Bemerkung 13.15. Eine weitere interessante Folgerung aus der Unentscheidbarkeit des Postschen Korrespondenzproblems ist, daß das kontextfreie *Äquivalenzproblem*, d.h. die Frage, ob zwei Grammatiken dieselbe Sprache erzeugen (vgl. Übung 13.5), unentscheidbar ist. Dazu werden aber weitergehende Kenntnisse über kontextfreie Sprachen benötigt, so daß wir hier nicht näher darauf eingehen können.

13.2 Allgemeine Regelgrammatiken

Wir gehen zum Abschluß noch kurz auf *allgemeinere* Grammatik-Typen ein und untersuchen speziell, unter welchen Bedingungen das sogenannte *Wortproblem* entscheidbar ist.

Definition 13.16. Eine *(allgemeine) Regelgrammatik* G wird definiert wie in Definition 13.1, nur mit dem Unterschied, daß Produktionen in P jetzt die folgende Form haben:

$$\alpha \to \beta \quad \text{mit} \quad \alpha, \beta \in (N \cup \Sigma)^*,$$

wobei in α (mindestens) ein Nicht-Terminal vorkommt.

Beispiel 13.17. Es gehört zu den Standardresultaten der formalen Sprachen, daß die Sprache $L = \{a^n b^n c^n \mid n \geq 1\}$ durch *keine* kontextfreie Grammatik erzeugbar ist. Sie kann aber durch eine Grammatik G mit der folgenden Regelmenge P erzeugt werden:

(1)	$S \to aSBC$	(3)	$CB \to BC$	(4)	$aB \to ab$
(2)	$S \to aBC$			(5)	$bB \to bb$
				(6)	$bC \to bc$
				(7)	$cC \to cc$.

Mit diesen Produktionen können wir nun beispielsweise das Wort $a^2b^2c^2$ ableiten (die Ziffern kennzeichnen die angewendeten Regeln):

$$S \overset{(1)}{\Longrightarrow} aSBC \overset{(2)}{\Longrightarrow} aaBCBC \overset{(4)}{\Longrightarrow} aabCBC$$
$$\overset{(3)}{\Longrightarrow} a^2bBCC \overset{(5)}{\Longrightarrow} a^2bbCC \overset{(6)}{\Longrightarrow} a^2b^2cC \overset{(7)}{\Longrightarrow} a^2b^2c^2 .$$

Definition 13.18. Das *Wortproblem* ist die Frage, ob sich ein Wort w durch eine Grammatik G ableiten läßt.

Falls keine Einschränkung über die Produktionen gemacht wird, gilt:

Satz 13.19. *Das Wortproblem für allgemeine Regelgrammatiken ist unentscheidbar.*[2]

---

[2] Übertragen auf die BNF von Programmiersprachen würde dies bedeuten, daß nicht entscheidbar wäre, ob eine Zeichenkette ein syntaktisch korrektes Programm darstellt. Tatsächlich ist aber die BNF gerade entwickelt worden, um eine effektive Syntaxprüfung zu ermöglichen.

Beweis. Wir zeigen die Behauptung diesmal nicht durch Reduktion des Postschen Korrespondenzproblems (obwohl das auch möglich wäre), sondern durch Reduktion des in Kap. 9 beschriebenen *Halteproblems für Turing-Maschinen*.

Sei $M = (Q, \delta, q_0, q_H)$ eine Turing-Maschine und $w \in \{|, \sqcup\}^*$. Wir ordnen dem Paar (M, w) eine Grammatik $G = (N, \Sigma, P, S)$ zu, so daß M für die Eingabe w genau dann terminiert, wenn $w \in L(G)$:

Wir setzen

$$N := Q \cup \{S\} \quad \text{und} \quad \Sigma := \{|, \sqcup, \#\},$$

wobei S und # in M nicht vorkommende Symbole bezeichnen.

Die Menge P der Produktionen ist ähnlich aufgebaut wie das Post-System im Beweis von Lemma 11.6. Sie besteht aus

$$(1) \qquad S \to \#q_0w\#$$

und für $a, a', b \in \{|, \sqcup\}$ und $q \in Q, q' \in Q - \{q_H\}$ aus allen Regeln der Form

$$(2) \qquad \begin{array}{ll} qa \to a'q', & \text{falls } \delta(q,a) = (q', a', R) \\ bqa \to q'ba', & \text{falls } \delta(q,a) = (q', a', L) \\ \#qa \to \#q' \sqcup a', & \text{falls } \delta(q,a) = (q', a', L) \\ q\# \to a'q'\#, & \text{falls } \delta(q,\sqcup) = (q', a', R) \\ bq\# \to q'ba'\#, & \text{falls } \delta(q,\sqcup) = (q', a', L) \end{array}$$

sowie den Produktionen

$$(3) \qquad aq_H \to q_H \quad \text{und} \quad q_Ha \to q_H \qquad \text{für } a \in \{|, \sqcup\}$$

und schließlich

$$(4) \qquad \#q_H\# \to \#.$$

Analog zum Beweis von Lemma 11.6 gilt mit der so definierten Grammatik G für jede Konfiguration K von M:

$$q_0w \vdash \cdots \vdash K \quad \text{genau dann, wenn} \quad S \Rightarrow \#q_0w\# \Rightarrow^* \#K\#,$$

wobei in der Ableitung bis auf den ersten Schritt nur Produktionen aus (2) verwendet werden.

Weiterhin sieht man, daß die Ableitung genau in dem Fall, daß K Endkonfiguration ist, durch Anwendung von Regeln aus (3) und schließlich (4) verlängert werden kann zu

$$S \Rightarrow^* \#K\# \Rightarrow^* \#q_H\# \Rightarrow \#.$$

Zusammenfassend gilt also, daß M angesetzt auf w genau dann terminiert, wenn das spezielle Wort # zu $L(G)$ gehört. Letzteres könnte man aber überprüfen, wenn das Wortproblem entscheidbar wäre, so daß man damit auch ein Entscheidungsverfahren für das Halteproblem hätte. Das ist nach Satz 9.11 (S. 110) jedoch ausgeschlossen. Es folgt, daß das Wortproblem unentscheidbar ist. □

Satz 13.19 bildet die Grundlage für eine Reihe weiterer Unentscheidbarkeitsbeweise, auf die wir aber im einzelnen nicht näher eingehen wollen. Tatsächlich gilt für allgemeine Regelgrammatiken analog zum Satz von Rice, daß letztlich jede nicht-triviale Eigenschaft der erzeugten Sprachen unentscheidbar ist. Das verwundert nicht, wenn man sich die im Beweis von 13.19 deutlich gewordene strukturelle Verwandschaft zwischen Turing-Maschinen und allgemeinen Grammatiken klarmacht.

Sieht man sich die Grammatik im Beweis von Satz 13.19 genauer an, kann man sich fragen, welche der Produktionen für die Unentscheidbarkeit verantwortlich sind. Tatsächlich sind dies nicht die verdächtig aussehenden Regeln vom Typ (2), sondern ausschließlich die Produktionen in (3), deren rechte Seite kürzer als die linke sind. Es gilt nämlich:

Satz 13.20. *Das Wortproblem ist entscheidbar für die Klasse von sogenannten kontextsensitiven Grammatiken, bei denen für jede Produktion $\alpha \rightarrow \beta$ gilt, daß β mindestens ebenso lang ist wie α.*

Beweis. Sei $G = (N, \Sigma, P, S)$ eine solche nicht-längenverkürzende Grammatik, und sei $w \in \Sigma^*$.

Wenn $S \Rightarrow^* w$, gibt es insbesondere eine *wiederholungsfreie* Ableitung

$$S = u_0 \Rightarrow_G u_1 \Rightarrow_G \cdots \Rightarrow_G u_n = w\,,$$

bei der alle u_i verschieden sind. Da keine Produktion längenverkürzend ist, ist die Länge aller u_i kleiner oder gleich der Länge von w.

Für die Entscheidung, ob $w \in L(G)$, sind also im schlimmsten Fall alle wiederholungsfreien Ableitungen zu prüfen, in denen alle vorkommenden Zeichenketten durch w längenbegrenzt sind. Davon gibt es aber offenbar nur endlich viele, die sich zudem alle effektiv aufzählen lassen. Die Details seien dem Leser überlassen. □

Beispiel 13.21. Alle Regeln der Grammatik in Beispiel 13.17 sind nicht-längenverkürzend.

Bemerkung 13.22. Für Leser, die mit Aufwandsabschätzungen von Algorithmen vertraut sind, sei erwähnt, daß das in Satz 13.20 beschriebene Verfahren unter praktischen Gesichtspunkten sicherlich nicht sehr befriedigend ist, da im schlimmsten Fall eine Anzahl von Ableitungen zu prüfen ist, die exponentiell mit der Länge des Eingabewortes wächst. Tatsächlich ist aber kein entscheidend besseres Verfahren bekannt. Dagegen gibt es für die Teilklasse der kontextfreien Grammatiken effiziente Algorithmen, deren Aufwand etwa nur kubisch oder besser wächst.

Literatur

Ergänzende und weiterführende Lehrbücher der Berechenbarkeitstheorie

R. Bird. *Programs and Machines: An Introduction to the Theory of Computation*. Wiley, 1976.

E. Engeler, P. Läuchli. *Berechnungstheorie für Informatiker*. Teubner-Verlag, 2. Auflage 1992.

W. Felscher. *Berechenbarkeit*. Springer-Verlag, 1993.

H. Hermes. *Aufzählbarkeit, Entscheidbarkeit, Berechenbarkeit*. Springer-Verlag, 3. Auflage 1976.

A. Kfoury, R. Moll, M. Arbib. *A Programming Approach to Computability*. Springer-Verlag, 1982.

H. Rogers. *Theory of Recursive Functions and Computability*. McGraw-Hill, 1967.

G. Rozenberg, A. Salomaa. *Cornerstones of Undecidability*. Prentice Hall, 1994.

K. W. Wagner. *Einführung in die Theoretische Informatik*. Springer-Verlag, 1994.

Postsches Korrespondenzproblem und formale Sprachen

J. E. Hopcroft, J. D. Ullmann. *Introduction to Automata Theory, Languages and Computation*. Addison-Wesley, 1979. Deutsche Übersetzung: *Einführung in die Automatentheorie, formale Sprachen und Komplexitätstheorie*. Addison-Wesley, 3. Auflage 1994.

A. Salomaa. *Formal Languages*. Academic Press, 1973. Deutsche Übersetzung: *Formale Sprachen*. Springer-Verlag, 1978.

U. Schöning. *Theoretische Informatik – kurzgefaßt*. Spektrum Akademischer Verlag, 2. Auflage 1995.

Logik

U. Schöning. *Logik für Informatiker*. Spektrum Akademischer Verlag, 4. Auflage 1995.

J. R. Shoenfield. *Mathematical Logic*. Addison-Wesley, 1967.

V. Sperschneider, G. Antoniou. *Logic: A Foundation for Computer Science.* Addison-Wesley, 1991.

Programmiersprachen

N. Wirth. *Programming in Modula-2.* Springer-Verlag, 4th edition 1988. Deutsche Übersetzung: *Programmieren in Modula-2.* Springer-Verlag, 2. Auflage 1991.

Die im Text erwähnten Arbeiten von Gödel und Turing

K. Gödel. Über formal unentscheidbare Sätze der Principia Mathematica und verwandter Systeme, I. *Monatshefte für Mathematik und Physik,* 38:173–198, 1931.

A. M. Turing. On Computable Numbers with an Application to the Entscheidungsproblem. *Proc. London Math. Soc.*, 42:230–265, 1936, mit einer Korrektur ebda., 43:544–546, 1937.

Beide Artikel sind wiedergegeben in

M. Davis (Hrsg.). *The Undecidable: Basic Papers on Undecidable Propositions, Unsolvable Problems and Computable Functions.* Raven Press, 1965.

Sachverzeichnis